MANUEL

D'ARITHMÉTIQUE

DÉMONTRÉE,

A L'USAGE DES JEUNES GENS QUI SE DESTINENT AU
COMMERCE ET DE TOUS CEUX QUI DÉSIRENT SE BIEN
PÉNÉTRER DES PRINCIPES DE CETTE SCIENCE ;

SUIVI

De Tables de comparaison des Poids et Mesures, du Ta-
bleau de la dépréciation du Papier-Monnaie ; de la
Concordance des Calendriers ; de Modèles de Pétitions, Quittances, Baux, Mémoires, Factures, Lettres
de voiture, Billets à ordre, Lettres de change, Lettres
de commerce, etc.

Par COLLIN ;

ET REVU PAR N. R...,
ANCIEN ÉLÈVE DE L'ÉCOLE POLYTECHNIQUE.

SEPTIÈME ÉDITION.

PARIS,

RORET, LIBRAIRE, RUE HAUTEFEUILLE,
AU COIN DE CELLE DU BATTOIR.

1828.

MANUEL

D'ARITHMÉTIQUE

DÉMONTRÉE.

AVIS DE L'ÉDITEUR.

L A rapidité avec laquelle les six pre-
mières éditions de cet ouvrage ont été
épuisées est la preuve la plus convain-
cante de son utilité.

La bienveillance avec laquelle le public
a accueilli ce Manuel a engagé l'éditeur
à donner à cet ouvrage élémentaire un
nouveau degré de perfection. Il l'a soumis
en conséquence à l'examen et à la vérifi-
cation d'un ancien élève de l'École polytechnique, qui, se faisant un plaisir de
retoucher ces élémens, y a, d'une main
habile, répandu l'esprit d'ordre et de
clarté qu'on puise dans cette École
nommée, à juste titre, la première École
de l'Europe.

. Il espère que MM. les Instituteurs et

Directeurs de pensionnats , qui ont jusqu'ici cru devoir mettre ce Manuel entre
les mains de leurs élèves , distingueront
cette édition de celles qui l'ont précédée
et particulièrement des ouvrages du même
genre.

Les élèves qui se destinent au commerce
pourront puiser dans cet ouvrage toutes
les connaissances dont ils auront occasion
de faire usage dans le cours de leurs
affaires ; et ceux qui ont l'intention d'é-
tendre un jour leur instruction, tout en
acquérant des connaissances préliminaires
exactes, s'accoutumeront peu à peu à
voir et à raisonner avec justesse , condition sans laquelle on ne peut rien dans
l'étude des sciences.

N. B. Les chiffres placés au commencement des alinéa désignent les articles.

Ceux placés entre parenthèses ( ) indiquent les articles auxquels on renvoie pour bien comprendre ce dont il s'agit.

MANUEL

D'ARITHMÉTIQUE.

DÉFINITIONS.

1. L'ARITHMÉTIQUE est la science des *nombres*.

2. *Un nombre* est ce qui exprime de combien d'unités une quantité est composée.

3. On appelle en général *quantité* tout ce qui est susceptible d'être augmenté ou diminué; tels sont l'étendue, le poids, etc.

4. *L'unité* est une quantité d'une grandeur arbitraire que l'on prend pour servir de terme de comparaison à toutes celles qui sont de même espèce.

Ainsi, si l'on dit *vingt-six mètres*, le mètre est ici *l'unité;* vingt-six est le *nombre* qui exprime de combien d'unités la *quantité* vingt-six mètres est composée.

On distingue plusieurs sortes de nombres.

5. Les *nombres abstraits* sont ceux qui

1

n'indiquent pas l'espèce des unités dont la quantité est composée.

6. Les *nombres concrets* sont ceux qui désignent la nature des unités dont on veut parler.

Quarante-trois, quatre-vingt-sept, sont des *nombres abstraits*.

Vingt-trois mètres, quarante-six hommes, sont des *nombres concrets*.

7. Lorsque la quantité est composée d'unités entières, le nombre qui l'exprime s'appelle *nombre entier*.

8. Si la quantité est composée d'unités et de parties d'unité, ou seulement de parties d'unité, le nombre alors s'appelle *nombre fractionnaire*. Vingt-trois, quarante-sept, sont des *nombres entiers;* deux et demi, un dixième, sont des *nombres fractionnaires*.

9. On dit qu'un nombre est *multiple* d'un autre, lorsqu'il contient cet autre un nombre exact de fois; qu'il est *sous-multiple*, lorsqu'il est contenu dans cet autre plusieurs fois exactement. Dix-huit, trente, sont des *multiples* de six; sept, quatre, sont des *nombres sous-multiples* de vingt-huit.

10. Les *nombres premiers* sont ceux qui

n'ont pas de sous-multiples, tels sont : trois, cinq, sept, onze, treize, etc.

De la Numération.

Tous les hommes ont une idée distincte de l'unité ; la vue d'un objet quelconque suffit pour faire naître cette idée.

Celle de la pluralité n'est pas moins facile à acquérir ; il suffit de voir deux ou plusieurs objets qui se ressemblent.

Mais toute pluralité étant le résultat des unités particulières qui concourent à la former, on dut bientôt sentir la nécessité d'imaginer un moyen sûr de distinguer telle ou telle pluralité d'une autre.

Trois hommes, quatre hommes, par exemple, ne pouvaient pas être désignés de la même manière ; il paraissait donc indispensable d'avoir recours à autant de signes différens qu'il pouvait y avoir de nombres.

Cependant, la moindre réflexion dut faire prévoir l'inconvénient qu'aurait entraîné cette multitude innombrable de signes ; on renonça donc à ce moyen, et, par un procédé aussi simple qu'ingénieux, qu'on appelle *numération*, on vint à bout d'exprimer tous les nom-

bres par la simple combinaison de dix caractères.

11. Ces caractères s'appellent *chiffres;* ils
s'écrivent et s'énoncent ainsi qu'il suit :

0	1	2	3	4	5	6

zéro, un, deux, trois, quatre, cinq, six,

7	8	9

sept, huit, neuf.

12. Pour exprimer au moyen de ces caractères tous les autres nombres au-dessus de
neuf, on est convenu que de dix unités simples on en ferait une seule à laquelle on donnerait le nom de *dizaine;* que de dix unités
de dizaine on en ferait une seule, que l'on
appellerait *centaine;* que de dix centaines on
en ferait *un mille*, etc.

Puis, pour distinguer ces unités de dizaines,
de centaines, de mille, etc., entr'elles, et
des unités simples, on est convenu :

Que les chiffres qui représenteraient des
dizaines se placeraient à la gauche de ceux
qui représenteraient des unités simples; que
ceux qui représenteraient des centaines se placeraient à la gauche de ceux qui représenteraient des dizaines; que les mille se placeraient
à la gauche des centaines, etc.

Ainsi , pour écrire le nombre *deux cent cinquante-sept ,* qui renferme deux centaines, cinq dizaines et sept unités, on est convenu d'écrire 257.

13. Il suit de cette convention, base de la numération actuelle, *qu'un chiffre placé à la gauche d'un autre représente un nombre dix fois plus grand que s'il était seul ; que, placé à la gauche de deux autres, il en représente un cent fois plus grand , et ainsi de suite.*

14. D'où il suit que, dans un nombre quelconque, les chiffres qui l'expriment ont deux *valeurs ;* l'une *absolue ,* qui indique le nombre d'unités, et que représente le caractère ; l'autre *relative ,* qui marque l'espèce de ces unités, et qui dépend du rang que le caractère occupe.

Ainsi, dans le nombre 257, le chiffre placé au milieu marque qu'il y a cinq unités, et sa position à gauche des unités simples indique que ce sont cinq unités de dizaine.

C'est pour donner aux chiffres leur valeur relative, sans laquelle il serait impossible d'exprimer le nombre, que le chiffre 0, qui ne représente rien par lui-même, a été imaginé. En effet, si l'on voulait représenter 207, qui contient deux centaines et sept unités, et si l'on écrivait d'abord le chiffre 7 pour marquer les unités, puis à la gauche le chiffre 2, qui indique combien il y a de centaines, on aurait 27, qui est la même chose que ce qu'on aurait eu, s'il s'était agi d'écrire deux dizaines et sept unités, ou vingt-sept. Il faut donc, dans l'exemple que nous présentons, marquer que le chiffre 2 exprime des centaines. Or, pour cela, il faut (13) qu'il soit à la gauche de deux autres chiffres. En conséquence, on écrit entre le chiffre 2 qui marque les centaines, et le chiffre 7 qui marque les unités, un zéro, qui indique qu'il n'y a point de dizaines, et qui donne au chiffre 2 sa valeur relative. On a alors 207.

Si l'on veut écrire deux cents, on met d'abord un zéro pour marquer qu'il n'y a point d'unités, puis un second zéro pour marquer qu'il n'y a point de dizaines, puis le chiffre 2, qui, placé à la gauche de deux zéro, aura sa valeur relative, et exprimera que ce sont deux centaines. On écrira 200.

15. Pour énoncer avec facilité un nombre composé de tant de chiffres que l'on voudra, on le partagera en tranches de trois chiffres chacune, en commençant par la droite, et l'on

donnera à chaque tranche le nom suivant :

343, 531, 412, 207, 918,

trillions   billions   millions   mille   unités.

Le premier chiffre de chaque tranche, toujours en allant de droite à gauche, aura le nom de la tranche, le second celui des dizaines, et le troisième celui des centaines, de telle sorte qu'on prononcera successivement chaque tranche comme si elle était seule, en ajoutant à la fin le nom de la tranche.

Ainsi, pour exprimer le nombre ci-dessus, on dira :

Trois cent quarante-trois *trillions*, cinq cent trente-un *billions*, quatre cent douze *millions*, deux cent sept *mille*, neuf cent dix-huit *unités*.

16. Il suit de ce que nous venons d'exposer, qu'à mesure qu'on avance de droite à gauche, les unités, représentées par chaque chiffre, sont de dix en dix fois plus grandes ; conséquemment, que, *pour rendre un nombre dix fois, cent fois, mille fois plus grand, il suffit de mettre à sa droite un, deux ou trois zéro ; que, réciproquement, pour rendre un*

nombre terminé par des zéro, dix fois, cent fois ou mille fois plus petit, il suffit de retran-cher un, deux ou trois zéro.

Des Décimales.

17. Ce que nous avons dit jusqu'ici suffit pour faire voir comment, en réunissant tou-jours dix unités d'un certain ordre, pour en former une nouvelle unité, et en plaçant le chiffre qui représente ces nouvelles unités dans un rang plus avancé vers la gauche, on peut, au moyen de dix caractères, exprimer tous les nombres entiers imaginables. (7)

Reste à faire voir maintenant comment on peut représenter et énoncer les quantités plus petites que l'unité principale qu'on a choi-sie. (4)

Pour cela, on conçoit l'unité principale divisée en un certain nombre d'unités plus petites, que l'on subdivise elles-mêmes en d'autres encore plus petites, et ainsi de suite. C'est ainsi, en considérant *le jour* comme unité de temps, qu'on le partage en vingt-quatre parties, que l'on appelle *heures;* que les heures sont partagées en soixante parties

que l'on appelle *minutes ;* celles-ci en soixante
autres que l'on appelle *secondes ,* etc.

18. Le nombre de divisions et subdivisions
qu'on peut faire de l'unité principale est,
comme on voit, purement arbitraire et de
convention. Conséquemment, on doit, parmi
toutes les divisions qu'on peut choisir, adopter
de préférence celle qui, dans le système actuel
de numération, rend les calculs plus faciles.

Ces divisions et subdivisions sont celles
qui se font par *décimales,* c'est-à-dire en par-
tageant l'unité en parties de dix en dix fois
plus petites.

19. Pour évaluer en décimales les fractions
ou les parties plus petites que l'unité, on
conçoit que l'unité principale est divisée en
dix parties que l'on appelle *dixièmes.* On les
représente par les mêmes chiffres que les unités, et, pour ne point les confondre avec
elles, on les place à leur droite, et on les en
sépare par une virgule. Ainsi, pour marquer
trois unités quatre dixièmes, on écrit 3,4. Il
faut faire attention de ne point négliger à
écrire la virgule , sans quoi on ne pourrait
plus distinguer les unités entières des fractions décimales.

Maintenant on peut regarder de même les dixièmes comme des unités composées de dix autres plus petites, et conséquemment cent fois plus petites que l'unité principale, et auxquelles on a donné le nom de *centièmes*, et qu'on placera par analogie à la droite des dixièmes. Ainsi, pour marquer trois unités, quatre dixièmes et six centièmes, on écrira 3,46.

En continuant de subdiviser de la même manière ces fractions successives, on formera ainsi les *millièmes*, *dix-millièmes*, qu'on placera, suivant leur grandeur, dans des rangs plus ou moins reculés à la droite de la virgule.

20. La manière d'énoncer ces espèces de nombres est la même que pour les nombres entiers; il suffit, après avoir lu ceux qui sont à la gauche de la virgule, d'énoncer ceux qui sont à la droite, en ajoutant le nom des décimales de la dernière espèce. Ainsi, pour énoncer 34,526, on dira trente-quatre unités, cinq cent vingt-six millièmes.

En effet, le chiffre 5 marque cinq dixièmes, ou cinquante centièmes, ou cinq cents millièmes ; le chiffre 2 marque deux centièmes ou vingt millièmes ; enfin le chiffre 6 marque six millièmes. Le nombre 34,526 marque donc trente-quatre unités, plus cinq dixièmes, plus deux centièmes, plus six millièmes, ou trente-quatre unités, plus cinq cent vingt-six millièmes.

21. Si l'on n'avait à écrire que des décimales, alors il faudrait mettre à la place des unités un zéro qu'on séparerait par une virgule des quantités décimales. Ainsi, si l'on avait à écrire trente-quatre centièmes, on mettrait 0,34. Enfin, s'il n'y avait point de dixièmes, il faudrait mettre à la place du chiffré qui les représente un zéro, afin de donner aux centièmes leur véritable valeur, attendu (19) qu'ils doivent toujours occuper le second rang à droite de la virgule. Ainsi, quatre centièmes s'écrivent par 0,04.

22. Nous allons examiner maintenant quels sont les changemens qui peuvent résulter dans un nombre qui contient des décimales par le simple déplacement de la virgule.

Nous avons dit (19) que la virgule marque la place des unités entières, et que la grandeur des décimales ou parties de l'unité dépend du rang qu'elles occupent relativement à cette virgule. Il suit de là que, *si l'on avance la vir-*

gule d'un chiffre vers la droite, on rendra le nombre dix fois plus fort.

En effet, soit le nombre 34,526; si l'on avance la virgule d'un chiffre sur la droite, et qu'on écrive 345,26, il est clair que ce dernier nombre est dix fois plus grand que le premier ; car les dizaines sont devenues des centaines, les unités sont devenues des dizaines, les dizaines sont devenues des unités, et ainsi de suite. Chaque partie du dernier nombre est donc devenue dix fois plus grande que dans le premier ; donc le nombre entier est devenu dix fois plus grand qu'il ne l'était.

Par un raisonnement semblable, Il est facile de voir que *le déplacement de la virgule de deux, de trois ou de quatre chiffres vers la droite, rendra le nombre cent fois, mille fois, ou dix mille fois plus grand.*

23. Réciproquement, *en avançant la virgule de une, deux ou trois places vers la gauche, on rendra le nombre dix, cent ou mille fois plus petit.*

24. Nous terminerons ce que nous avons à dire sur les décimales en observant *qu'on n'en change point la valeur en mettant à la suite*

tel nombre de zéro que l'on voudra. Ainsi, 3,45
est la même chose que 3,450.

En effet, quatre dixièmes est la même chose
que quarante centièmes ou quatre cents millièmes ; cinq centièmes est la même chose que
cinquante millièmes ; donc quarante-cinq centièmes est la même chose que quatre cent cinquante millièmes. On fait voir de la même
manière que 3,45 est égal à 3,4500.

Des différentes espèces de chiffres.

Indépendamment des chiffres que nous
avons fait connaître (11), et que l'on appelle
chiffres arabes, on se sert, mais beaucoup
moins fréquemment, de deux autres espèces
de chiffres, que l'on appelle *chiffres romains*
et *chiffres financiers.*

Nous allons les faire connaître succinctement, afin de ne point laisser embarrassés
ceux des lecteurs qui pourront en rencontrer.

Chif. rom. I. V. X. L. C. D. M.

Valeurs. 1. 5. 10. 50. 100. 500. 1000.

25. Au moyen de ces sept lettres ou caractères, on peut représenter tous les nombres,
en observant que toute lettre placée à la

gauche d'une autre de plus grande valeur qu'elle, diminue celle-ci de la valeur de la première.

Ainsi, IV ne vaut que 4, IX ne vaut que 9, XL ne vaut que 40, etc.

Exemple.

Nota. Les chiffres arabes marquent la valeur des chiffres romains correspondans.

I.	1.
II.	2.
III.	3.
IV.	4.
V.	5.
VI.	6.
VII.	7.
VIII.	8.
IX.	9.
X.	10.
XI.	11.
XX.	20.
XXX.	30.
XL.	40.
L.	50.
LX.	60.
LXX.	70.

XC.	90.
C.	100.
CC.	200.
CCC.	300.
CD ou IV°.	400.
D.	500.
DC ou VI°.	600.
CM.	900.
M.	1000.
MM.	2000.
X^m.	10000.
C^m.	100000.
MD.	1500.
MIV.	1004.
MDCCCXX.	1820.

26. Voici maintenant les chiffres de finance; ils diffèrent un peu des chiffres romains, et s'écrivent toujours en caractères italiques.

Chif. de fin. *i* ou *j*. *b*. *x*. *l*. *c*. *g*.

Valeurs.   1. 5. 10. 50. 100. 1000.

Comme pour les chiffres romains (25), toute lettre placée à la gauche d'une autre de plus grande valeur qu'elle diminue la valeur de cette dernière.

Exemple.

i ou *j*.	1.
ij.	2.
iij.	3.
ib. ou *iiij*.	4.
b.	5.
bj.	6.
bij.	7.
biij.	8.
ix.	9.
x.	10.
xj.	11.
xb.	15.
xx.	20.
xl.	40.
l.	50.
lx.	60.
lxx.	70.
lxxx ou *iiij^{xx}*.	80.
iiij^{xx}b.	85.
iiij^{xx}x.	90.
c.	100.
ij^{c}.	200.
iij^{c}.	300.
b^{c}.	500.
bj^{c}.	600.

biijc.	800.
ixᶜ.	900.
g.	1000.

~~~~~~

DES POIDS, DES MESURES, DES MONNAIES,
ET DE LEURS SUBDIVISIONS.

27. L'unité est, comme nous l'avons dit (4), une grandeur arbitraire qu'on prend pour mesurer les quantités de même espèce. Si cette unité avait été la même dans tous les lieux, les anciennes mesures n'auraient eu d'autre inconvénient que celui résultant de la diversité de leurs divisions; mais elles avaient encore le désavantage, bien qu'elles portassent le même nom et qu'elles fussent destinées au même usage, d'être bien différentes pour chaque lieu en particulier; de sorte que celui qui achetait des marchandises dans un lieu pour les vendre dans un autre, était obligé de les rapporter à une commune mesure, au moyen de tables de comparaison qu'il avait à cet effet. Ainsi, indépendamment des calculs qu'entraînait cette transformation, des tables de rapports qu'elle nécessitait pour soulager,

elle exposait encore à commettre des erreurs.

Un inconvénient aussi grave était généralement senti ; et on y eût sans doute remédié
depuis long-temps, sans l'extrême difficulté
qu'on éprouve à introduire tout ce qui ne
s'accorde point avec nos habitudes. Enfin, la
Convention nationale décréta qu'on établirait
l'uniformité de poids, de mesures, etc., dans
toute l'étendue de la France. Restait à déterminer quelle serait l'unité que l'on adopterait
pour chaque espèce de mesure.

La difficulté où l'on est quelquefois d'établir le rapport entre les mesures des anciens
et les nôtres ; et conséquemment d'avoir une
idée des grandeurs qu'ils nous ont transmises,
fit sentir la nécessité d'adopter pour unité
principale une grandeur qu'on pût trouver
dans tous les temps. Or, cette grandeur invariable ne pouvait évidemment se trouver que
dans la nature ; c'est pourquoi l'on convint
d'adopter pour unité de mesure linéaire la
dix-millionième partie du quart du méridien
de la terre, ou la quarante-millionième partie
de son contour. On a donné à cette unité principale le nom de *mètre*, qui signifie mesure.

. Toutes les autres mesures dépendant, ainsi
que nous le verrons ci-après, de cette unité
principale, sont conséquemment rendues in-
variables comme elle.

On pourrait retrouver cette unité principale
de mesure, sans qu'il soit nécessaire pour cela
de mesurer de nouveau l'arc du méridien. En
effet, on sait, par le calcul, ainsi que par l'expérience, que, lorsque les arcs parcourus par
un pendule (1) sont très petits, les oscillations
se font dans des temps égaux. On sait encore
que la durée des oscillations augmente ou
diminue, selon que la lentille est plus éloignée
ou plus voisine du point de suspension. Conséquemment, si l'on prend un pendule qui
soit tel que la distance du centre de la lentille
au point de suspension égale un mètre (2); et
si l'on compte le nombre d'oscillations ou de
balancemens qui se feront dans un temps

_____

(1) On appelle pendule tout corps suspendu à un
point fixe, autour duquel il se meut. Les oscillations
sont des balancemens en vertu desquels il passe d'un
côté à l'autre. Tels sont les pendules de nos horloges,
qu'on appelle vulgairement balanciers.

(2) Il faut, pour cela, que le fil qui le suspend soit
inextensible et très délié.

donné, il est clair qu'on pourra toujours, en supposant que tous les mètres et mesures qui en dérivent vinssent tout à coup à se perdre, retrouver l'unité principale, en cherchant, par l'expérience, quelle est la longueur qu'il faut donner au fil, pour que le pendule fasse, dans le même temps, un nombre d'oscillations. égal à celui dont la verge était égale à un mètre.

Maintenant, il est à remarquer que cette expérience ne pourrait pas se faire indifféremment sur tous les points de la terre. En effet, les oscillations du pendule se font en vertu de la pesanteur qui attire le corps grave vers le centre de la terre. Or, cette force, qui tend à précipiter les corps, agit avec d'autant plus d'énergie qu'ils sont plus voisins du centre de la terre. Conséquemment, le pendule de même longueur ne fera point ses oscillations dans le même temps sur tous les points de la surface de la terre, si ceux-ci ne sont pas également éloignés du centre. C'est ainsi qu'on a découvert que la terre est aplatie vers les pôles, parce que les oscillations y sont plus fréquentes que vers l'équateur. Il faut donc qu'il y ait un lieu de déterminé pour faire l'expérience. Tel serait, par exemple le 45ᵉ degré de latitude.

Je ne me suis étendu sur cette manière simple de retrouver, dans tous les temps, l'unité qui sert de base à toutes les mesures, que pour donner une idée de son invariabilité, et faire sentir les motifs puissans qui l'ont fait choisir.

28. L'uniformité des mesures étant ainsi établie d'une manière invariable, restait encore à déterminer la manière la plus simple et la plus commode de subdiviser l'unité principale. Or, on sait qu'indépendamment de la difficulté résultant de la diversité des anciennes mesures, suivant les différens pays, il en existait une considérable qui rendait les calculs extrêmement pénibles, et qui consistait dans le peu d'uniformité des subdivisions que l'on avait adoptées. En effet, il fallait à chaque instant se rappeler que la *toise* était divisée en *six pieds*, le pied en *douze pouces*, le pouce en *douze points*; que l'*aune* était divisée en *demi-aune*, *quarts*, *tiers*, etc. ; que la *livre* l'était en *seize onces*, l'once en *huit gros*, le gros en *soixante-douze grains*, etc., ce qui fatiguait la mémoire, et exposait sans cesse à com-

mettre des erreurs. Il était donc bien impor-
tant de choisir le nombre qui indiquerait en
combien de parties chaque unité principale
serait subdivisée, de manière qu'il fût le même
pour toutes, et qu'il se prêtât le plus facilement aux calculs. Or, le nombre 10 étant,
sans contredit, le plus commode dans le système de numération actuelle , la division dé-
cimale a été généralement adoptée.

29. Il y a cinq sortes de mesures : le mètre,
l'are, le litre, le stère et le gramme.

Le *mètre* est, comme nous l'avons dit plus
haut, l'étalon général de toutes les mesures,
et l'unité principale sur laquelle elles sont
basées. Il est égal à la dix-millionième partie
du quart du méridien de la terre.

Il est l'unité à laquelle on rapporte toutes
les mesures linéaires ou de longueur, et tient
lieu de l'aune et de la toise.

Ses subdivisions sont décimales (28), c'est-
à-dire qu'elles décroissent de dix en dix suivant le système de numération.

On les énonce en mettant devant le mot
mètre les mots *déci*, *centi*, *milli*, etc. Ainsi
la dixième partie du mètre est appelée *déci-*

mètre, la centième partie *centi-mètre*, la millième partie *milli-mètre*, etc.

Pour l'arpentage on se sert ordinairement d'une chaîne de dix mètres que l'on appelle *décamètre* ; elle remplace l'ancienne perche. Pour les mesures itinéraires, on ne tient guère compte des longueurs au-dessous de 100 mètres : en conséquence et pour abréger on prend pour unité, tantôt une longueur de 100 mètres que l'on appelle *hectomètre;* tantôt une longueur de 1,000 mètres que l'on appelle *kilomètre ;* tantôt enfin une longueur de 10,000 mètres que l'on appelle *myria-mètre.* Cette dernière remplace l'ancienne poste.

L'*are* est l'unité des mesures *agraires* ou qui servent à mesurer les terres.

C'est un carré de dix mètres ou d'un décamètre de côté, qui contient, par conséquent, 100 mètres carrés. Il remplace l'ancienne perche carrée ; ses subdivisions sont décimales et s'énoncent en plaçant au-devant du mot *are* les mots *déci, centi,* etc., comme nous l'avons dit pour le mètre.

Le *déci-are* contient dix mètres carrés.

Le *centi-are* est un mètre carré.

On néglige dans la pratique les autres sub-divisions.

Lorsque la surface à mesurer est considérable, on prend pour unité un carré qui aurait dix décamètres de côté, et qui contient conséquemment 100 ares. Cette unité s'appelle *hectare ;* elle tient lieu de l'ancien arpent.

Le *litre* est l'unité des mesures de capacité.

Il sert à mesurer les liquides, ou les matières sèches, telles que le vin, les graines, etc.

Sa capacité est d'un décimètre cube. Tel serait un dé à jouer qui aurait un décimètre en tout sens.

Ses subdivisions sont décimales et s'énoncent comme celles des autres mesures dont nous avons déjà parlé.

Le *décilitre* remplace le poisson.

Le *centilitre* remplace le petit verre ou mesurette.

Les autres subdivisions étant trop petites, eu égard à la valeur des choses, pour être prises en considération dans la pratique, on les néglige.

Pour les grands mesurages on prend souvent pour unité le *décalitre*, lequel contient dix litres et remplace la velte pour les liquides, ou le boisseau ancien pour les matières sèches.

L'*hectolitre* qui contient 100 litres et qui peut remplacer la feuillette pour les liquides, ou l'ancien minot de 8 boisseaux pour les matières sèches.

Enfin on prend souvent pour unité le kilo-litre, ou 1,000 litres : lequel peut remplacer les anciens muids.

Le *stère* est l'unité qui sert pour mesurer le bois, il est égal à un mètre cube et peut remplacer la *demi-voie* ancienne, ses subdivisions sont décimales comme celles des mesures précédentes.

Le *décistère* peut tenir lieu de l'ancienne *solive.*

On prend quelquefois pour l'exploitation des ventes le *décastère* pour unité; il contient 10 stères.

Le *gramme* est l'unité qui sert à mesurer la pesanteur.

Il est égal au poids d'un centimètre cube d'eau distillée pesée dans le vide à la température de la glace fondante.

Il équivaut à 18 grains 83 centièmes.

Ses subdivisions sont décimales et ne sont guère en usage que pour les matières pré-

3

cieuses. Elles s'énoncent comme toutes celles dont nous avons déjà parlé.

Les autres poids qu'on prend pour unités en raison de la quantité et de la valeur des choses qu'on a à peser sont :

Le *décagramme*, ou poids de 10 grammes.

L'*hectogramme*, ou poids de 100 grammes, qui peut tenir lieu de l'ancien quarteron.

Le *kilogramme*, poids de 1,000 grammes.

Enfin le *myriagramme*, poids de 10,000 grammes.

Le *franc* est l'unité monétaire qui remplace la livre tournois.

C'est une pièce d'argent au titre de 900 millièmes et du poids de 5 grammes.

Ses subdivisions sont décimales et portent le nom de *décimes* et de *centimes*.

Abréviations dont on se sert dans les opérations.

Mètre se désigne par.......... m.
Déci-mètre................. di. m.
Centi-mètre. .... ci. m.
Milli-mètre................. mi. m.
Myria-mètre................ my. m.

Kilo-mètre. . . . . ko. m.
Hecto-mètre. . . . . ho. m.
Déca-mètre. . . . . da. m.

Gramme. g.
Déci-gramme. . . . . di. g.
Centi-gramme. . . . . ci. g.
Milli-gramme. . . . . mi. g.
Kilo-gramme. . . . . ko. g.
Hecto-gramme. . . . . ho. g.
Déca-gramme. . . . . da. g.
Myria-gramme. . . . . my. g.

Litre. . . . . l.
Déci-litre. . . . . di. l.
Centi-litre. . . . . ci. l.
Kilo-litre. . . . . ko. l.
Hectolitre. . . . . ho. l.
Déca-litre. . . . . da. l.

Stère. . . . . s.
Double-stère. . . . . d. s.
Déci-stère. . . . . di. s.

Are. . . . . a.
Déci-are. . . . . di. a.
Centi-are. . . . . oi. a.
Milli-are. . . . . mi. a.

Hectare..................... h. a.

Déc-are.................... d. a.

Kil-are.................... k. a.

Myri-are.................. my. a.

Franc. .... f.

Décime. .... di. m.

Centime. .... c. m.

DES OPÉRATIONS FONDAMENTALES
DE L'ARITHMÉTIQUE.

30. Composer et décomposer les nombres pour en connaître la nature et les propriétés, tel est le but de l'arithmétique et ce qu'on appelle *calculer*.

Pour parvenir à ce but, c'est-à-dire pour résoudre toutes les questions qu'on peut se proposer sur les nombres, il suffit, ainsi que nous le ferons voir, de pratiquer tout ou partie des opérations générales auxquelles, par leur nature, elles sont susceptibles d'être assujetties.

Ces opérations sont au nombre de quatre, savoir : *l'addition*, *la soustraction*, *la multiplication* et *la division*.

Nous allons successivement les définir et en développer les principes.

DE L'ADDITION.

31. L'*addition* est une opération par laquelle on réunit ensemble plusieurs nombres de même espèce pour en former un seul de même espèce qu'eux, que l'on appelle *somme*.

Ainsi, on ne saurait ajouter des hommes avec des francs, ni des francs avec des jours, parce que ce sont des quantités de différentes espèces ; mais on ajoute des hommes avec des hommes, des francs avec des francs, des jours avec des jours, etc.

Soit proposé d'ajouter les trois nombres abstraits, 6083, 354, 4878.

Je les écris, comme on le voit ci-après, les uns au-dessous des autres, de manière que les unités soient sous les unités, que les dizaines soient sous les dizaines, et en général que toutes les unités de même espèce soient toujours dans une même colonne verticale.

$$6083$$
$$354$$
$$4878$$

Somme... 11315

Je souligne le tout, et commence par les
unités. Je dis : trois et quatre font sept et huit
font quinze ; dans quinze il y a une dizaine
et cinq unités ; je pose les cinq unités sous la
première colonne, et je retiens la dizaine pour
l'ajouter aux chiffres de la seconde colonne
qui sont aussi des dizaines.

Passant à cette seconde colonne, je dis : une
dizaine de retenue et huit font neuf, et 5 font
quatorze, et 7 font vingt-un : dans vingt-une
dizaines, il y a une dizaine et deux centaines ;
je pose une dizaine sous la colonne des dizaines, et je retiens deux centaines pour les
ajouter aux chiffres de la troisième colonne.

Passant à la troisième colonne, je dis : deux
de retenue et zéro font deux, et trois font
cinq, et huit font treize ; je pose trois et retiens
un, pour le porter dans la colonne suivante.

Passant enfin à cette dernière colonne, je
dis : un de retenue et six font sept, et quatre
font onze ; j'écris un sous la colonne des
mille, et, comme il n'y a plus d'autre colonne
pour reporter la dizaine, je place au rang plus
avancé vers la gauche, afin (14) de lui donner
sa valeur relative, et exprimer que c'est une
dizaine de mille.

Il est facile de voir que le nombre 11315, trouvé par l'opération que nous venons de faire, est la somme des trois premiers ; puisqu'il renferme toutes les unités, toutes les dizaines, toutes les centaines, et tous les mille que contenaient ceux-ci.

32. S'il y a des décimales, comme elles croissent de dix en dix comme les autres nombres à mesure qu'on va de droite à gauche, la règle, pour les ajouter, est absolument la même que celle que nous venons de donner pour les nombres entiers, ayant soin toujours de placer les nombres à ajouter, de manière que les unités de même grandeur soient dans une même colonne ; et, après l'opération, de séparer par une virgule les unités entières des décimales.

Proposons-nous, pour exemple, d'ajouter les trois nombres 8401,78, 308,146 et 9409,103.

Je les écris ainsi qu'il suit :

$$8401,78$$
$$308,146$$
$$9409,103$$

Somme... 18119,029

Puis, commençant par la colonne des millièmes (19), je dis : 6 et 3 font 9, neuf millièmes ne valent pas un centième, je pose 9 sous la colonne des millièmes.

Passant ensuite à la colonne des centièmes, je dis : 8 et 4 font 12 et 0 font 12, douze centièmes valant un dixième et deux centièmes, je pose les deux centièmes sous la colonne, et je retiens un dixième pour ajouter aux nombres de la colonne suivante, qui est celle des dixièmes.

Passant à cette colonne des dixièmes, je dis : 1 de retenue et 7 font 8, et 1 font 9, et 1 font 10, dix dixièmes valant une unité entière, je pose 0 pour marquer qu'il n'y a point de dixièmes (21), et donner aux chiffres 2 et 9, déjà posés, leur valeur relative, et je retiens 1 pour ajouter aux unités entières.

Passant à cette colonne des unités, je dis : 1 de retenue et 1 font 2, et 8 font 10, et 9 font 19, je pose 9 et retiens une dizaine ; mais, comme il n'y a que des zéro dans la colonne des dizaines, je pose sous cette colonne 1, pour la dizaine que je viens de retenir. (S'il n'y avait point eu 1 de retenue, il aurait fallu poser un zéro pour marquer qu'il n'y a pas de dizaines.)

Passant ensuite à la colonne des centaines, je dis : 4 et 3 font 7, et 4 font 11, je pose 1 et retiens 1.

Enfin, passant aux mille, je dis : 1 de retenue et 8 font 9, et 9 font 18, je pose 8 et j'avance 1, pour marquer la dizaine de mille.

Énonçant le résultat, j'ai pour somme dix-huit mille cent dix-neuf *unités*, vingt-neuf millièmes, 6u dix-huit millions, cent dix-neuf mille, vingt-neuf *millièmes* d'unité.

DE LA SOUSTRACTION.

33. La *Soustraction* a pour objet de faire connaître, ayant deux nombres de même espèce, de combien le plus grand l'emporte sur le plus petit.

Le résultat s'appelle *différence*.

On propose de retrancher le nombre 523 du nombre 847.

J'écris sous le plus grand celui que je veux retrancher, de manière, comme pour l'addition, que les unités de même espèce soient les unes sous les autres.

$$
\begin{array}{r}
847 \\
523 \\
\hline
\end{array}
$$

Différence..... 324

Puis, après avoir souligné, je dis, en commençant par les unités : de 7 ôtez 3, reste 4, que je pose sous la colonne des unités ; puis, passant à la colonne des dizaines, je dis : de 4 ôtez 2, reste 2, que je pose sous la colonne des dizaines.

Enfin, passant à la colonne des centaines, je dis : de 8 ôtez 5, reste 3, que je pose sous la colonne des centaines, ce qui me donne pour différence 324.

Il est évident que ce nombre 324 est bien la différence des deux nombres proposés, puisque, pour le composer, on a pris successivement la différence des unités, des dizaines et des centaines de ces deux nombres.

34. Soit pour deuxième exemple, 8978 à retrancher de 20046. J'écris ces deux nombres ainsi qu'il suit :

$$20046$$
$$8978$$

Différence...... 11068

Comme je ne puis ôter 8 de 6, j'emprunte par la pensée une dizaine sur le chiffre 4, qui, ajoutée aux 6 unités, fait 16 unités. Je dis alors : de 16 ôtez 8, reste 8, que je pose sous la colonne des unités.

Passant ensuite à la colonne des dizaines,
je ne dis point : de 4 ôtez 7, mais seulement
de 3 ôtez 7, parce que, par l'emprunt que
j'ai fait, lè chiffre 4 est diminué d'une unité.
Je dis donc : de 3 ôtez 7, et comme cela ne se
peut, qu'il n'est pas non plus possible de faire
un emprunt sur le chiffre suivant qui est un
zéro, j'emprunte une unité sur le chiffre 2 ;
or, cette unité est une unité de mille, comparée
à celles que représente le chiffre 4. De ce mille
emprunté, j'en laisse par la pensée 900 à la
place du premier zéro en allant vers la droite,
lequel zéro marque la place des centaines,
comme le chiffre 2 représente des mille comparé à l'espèce d'unités du chiffre 4. Cela fait,
il me reste 100 unités de l'espèce du chiffre 4.
De ces 100 unités, j'en laisse de nouveau par
la pensée 90 à la place du second zéro qui
marque la place des dizaines. Il ne me reste
alors que dix unités de l'espèce du chiffre 4,
qui, ajoutées à 3, nombre auquel le chiffre 4
a été réduit par le premier emprunt, donnent
13, je dis alors : de 13 ôtez 7, reste 6, que
je pose sous la colonne correspondante.

Passant ensuite à la colonne suivante, je
rappelle que j'ai laissé sur le premier zéro en

allant vers la gauche, 90 unités de l'espèce du
chiffre 4, ou 9 unités de l'espèce de celles dout
ce zéro tient la place ; je prends donc ces 9
unités, et dis : de 9 ôtez 9, il ne reste rien, et
je pose zéro sous la colonne.

Cela fait, je passe à la colonne suivante, et
rappelant que j'ai laissé, lors de l'emprunt,
900 unités de l'espèce du chiffre 4 sur le second
zéro qui est à sa gauche, ce qui est la même
chose que 9 unités de l'espèce de celles dont ce
zéro marque la place ; je reprends ces 9 unités,
et dis : de 9 ôtez 8, reste 1, que je pose au-
dessous.

Enfin, comme il n'y a rien à retrancher
dans la cinquième colonne ; que le chiffre 2,
par l'emprunt que j'ai fait, est réduit à 1,
j'écris 1 sous cette colonne.

35. *On voit, par ce qu'on vient de dire, que,
lorsque, pour emprunter, on est obligé de franchir un ou plusieurs zéro, il faut, après avoir
pris la dizaine d'unités dont on a besoin, considérer ces zéro comme s'ils étaient autant
de* 9.

36. S'il y a des décimales dans les nombres,
la règle à suivre pour les retrancher l'un de
l'autre est absolument la même, puisque (19),

comme les nombres entiers, les décimales croissent de dix en dix à mesure que l'on avance vers la gauche.

Seulement il faut, pour éviter tout embarras, lorsque le nombre des décimales n'est point le même dans les deux nombres, le rendre tel, en ajoutant à la suite de celui qui en a le moins un nombre suffisant de zéro, ce qui (24) ne changera point la valeur de ce nombre.

Soit pour exemple 0,358 à retrancher de 4,1, c'est-à-dire trois cent cinquante-huit millièmes à retrancher de quatre unités un dixième.

J'ajoute à la suite du dernier nombre deux zéro, ce qui (24) n'en change pas la valeur; et la question revient à retrancher 0,358 de 4,100.

J'écris les deux nombres de manière que les unités de même espèce soient les unes sous les autres, comme on le voit ici.

$$4,100$$
$$0,358$$

Différence 3,742

Et je dis, en commençant par les millièmes, de zéro ôtez 8, ne se peut; j'emprunte un dixième dont je laisse par la pensée 9 cen-

tièmes sur le zéro qui marque la place des centièmes, il me reste conséquemment 10 millièmes, et je dis : de 10 ôtez 8, reste 2, que
je pose sous la colonne des millièmes.

Puis, passant à la colonne des centièmes,
je dis (35) : de 9 ôtez 5, reste 4, que j'écris
sous cette colonne.

Passant à la colonne des dixièmes, comme
j'en ai emprunté un, le chiffre 1 du nombre
supérieur est réduit à zéro, et je dis : de zéro
ôtez 3, ne se peut ; en conséquence, j'emprunte sur le chiffre 4 une unité qui vaut 10
dixièmes, et je dis : de 10 ôtez 3, reste 7, que
je pose sous la colonne des dixièmes ; enfin,
comme il n'y a plus rien à retrancher, et que
le chiffre 4, par le dernier emprunt que j'ai
fait, est réduit à 3, j'écris 3 sous la colonne
des unités.

Comme on ne saurait accoutumer trop tôt
les jeunes gens à raisonner et à se rendre
compte de ce qu'ils font, nous engageons une
fois pour toutes, si l'on interroge les élèves à
haute voix, d'exiger d'eux qu'ils expliquent
pourquoi ils opèrent de telle et telle manière ;
si on les fait travailler dans les salles d'études,
de tenir à ce qu'ils aient à le mettre par écrit.

Une seule opération bien entendue les rendra plus habiles qu'un millier faites par routine.

Si l'on en agit autrement, on en fera de *machines à calcul*, et non des *calculateurs*.

~~~~~~

DE LA PREUVE DE L'ADDITION.

37. On appelle *preuve* d'une opération arithmétique une seconde opération que l'on fait pour s'assurer de l'exactitude de la première.

Nous avons dit (31) que la somme de trois

$$
\text{nombres} \dots \dots \dots \left\{ \begin{array}{l} 6083 \\ 354 \\ 4878 \end{array} \right.
$$

était............ 11315
1210

Pour m'assurer de l'exactitude de ce résultat, j'en retranche successivement tous les mille, toutes les centaines, toutes les dizaines qui l'ont composé, il est clair que, si la première opération a été bien faite, il ne doit rien rester.

Ainsi, commençant par la colonne des mille, je dis : 6 et 4 font 10, ôtés de 11, reste 1, que j'écris au-dessous. Cet 1, joint par la pensée au chiffre 3 suivant, fait 13 centaines.

Passant à la colonne des centaines, je dis :

8 et 3 font 11, ôtés de 13, reste 2, que j'écris au-dessous, et qui, avec le chiffre 1 qui suit dans la somme, fait 21 dizaines.

Passant à la colonne des dizaines, je dis : 8 et 5 font 13, et 7 font 20, ôtés de 21, reste 1, qui, avec le chiffre suivant, fait 15 unités.

Enfin passant à la colonne des unités, je dis : 3 et 4 font 7 et 8 font 15, ôtés de 15, reste o.

D'où je conclus que la première opération était bien faite.

~~~~~~~~~~~~~~~~~~~~~~~~~~~~~~~~~~~~~

DE LA PREUVE DE LA SOUSTRACTION.

38. *Il est clair que si, à un nombre que l'on a retranché d'un autre, on ajoute ce qui est resté après cette soustraction, on doit retrouver le nombre dont on a retranché.*

Tel est le principe sur lequel est fondé la preuve de la soustraction.

Nous avons dit (33) que la différence des

deux nombres $\left\{ \begin{array}{c} 847 \\ 523 \end{array} \right.$

était.......... $\overline{324}$

$\overline{847}$

Pour m'en assurer, j'ajoute les deux nom-

bres inférieurs, en disant : 3 et 4 font 7 , et
je pose 7 ; 2 et 2 font 4, je pose 4; enfin, 5
et 3 font 8, je pose 8. Le nombre 847, trouvé
de cette manière, étant le même que celui
dont on a retranché, j'en conclus que la
soustraction a été bien faite.

DE LA MULTIPLICATION.

39. La *multiplication* est une opération par
laquelle on répète un nombre, que l'on appelle *multiplicande*, autant de fois qu'il y a
d'unités dans un autre nombre que l'on appelle *multiplicateur*.

Le résultat de l'opération s'appelle *produit*.

Il suit de cette définition que le produit est
toujours de même espèce que le multiplicande,
et que le multiplicateur, qui marque seulement
combien de fois on doit prendre le multiplicande, est toujours un nombre abstrait.

Le multiplicande et le multiplicateur s'appellent aussi d'un nom commun, les *facteurs*
du produit.

40. Avant de faire la multiplication, il faut
apprendre par cœur les produits des nombres
exprimés par un seul chiffre.

Ces produits, en observant que 2 fois 7 ou 7 fois 2 sont la même chose; que 4 fois 6 ou 6 fois 4 sont également la même chose, etc ; ces produits, dis-je, sont compris dans la table suivante :

Table de multiplication.

2 fois	2 font	4	5 fois	5 font	25
2	3	6	5	6	50
2	4	8	5	7	35
2	5	10	5	8	40
2	6	12	5	9	45
2	7	14			
2	8	16	6 fois	6 font	36
2	9	18	6	7	42
			6	8	48
3 fois	3 font	9	6	9	54
3	4	12			
3	5	15	7 fois	7 font	49
3	6	18	7	8	56
3	7	21	7	9	63
3	8	24			
3	9	27	8 fois	8 font	64
			8	9	72
4 fois	4 font	16			
4	5	20	9 fois	9 font	81
4	6	24			
4	7	28			
4	8	32			
4	9	36			

Autre Table, appelée de Pythagore, *servant à la multiplication de deux nombres l'un par l'autre.*

1	2	3	4	5	6	7	8	9
2	4	6	8	ro	12	14	16	18
3	6	9	12	15	18	21	24	27
4	8	12	16	20	24	28	32	36
5	10	15	20	25	30	35	40	45
6	12	18	24	30	36	42	48	54
7	14	21	28	35	42	49	56	63
8	16	24	32	40	48	56	64	72
9	18	27	36	45	54	63	72	81

Voici quel est l'usage de cette Table : Si vous voulez multiplier l'un par l'autre ces deux nombres 4 et 7, c'est-à-dire savoir quel nombre sortira de 4 fois 7, prenez le chiffre 4 qui est au haut d'une des lignes perpendiculaires, prenez ensuite le chiffre 7, qui commencera l'une des lignes horizontales, et traversez cette ligne jusqu'au dessous du 4, et vous trouverez qu'il en sortira le nombre 28.

41. Proposons-nous d'abord de multiplier le nombre 674 par 68, j'écris les deux nombres

comme on le voit ici , de manière que le multiplicateur soit sous le multiplicande.

Multiplicande 674)
Multiplicateur 68 } facteurs.

$$\begin{array}{r} 5392 \\ 4044 \\ \hline \end{array}$$

Produit. . . . 45832

Puis, commençant par les unités, je dis : 8
fois 4 font 32, je pose 2 et je retiens 3 dizaines
pour ajouter au produit suivant. Puis, passant
aux dizaines , je dis : 8 fois 7 font 56 et 3 de
retenue font 59 ; comme ce sont des dizaines,
je pose 9 à la gauche du 2 et je retiens 5. Passant enfin aux centaines du multiplicande, je
dis : 8 fois 6 font 48 et 5 de retenue font 53 ;
comme il n'y a plus rien à multiplier, je pose
le nombre 53 en entier.

*Le nombre 5392 , obtenu de cette manière,
est bien évidemment le produit du multiplicande
par les unités du multiplicateur, puisque, pour
le composer, on a pris successivement les unités,
les dizaines et les centaines de ce multiplicande,
autant de fois qu'il y a d'unités dans le chiffre 8
du multiplicateur.* Reste conséquemment maintenant , pour avoir le produit du multipli-

cande par le multiplicateur en entier, à prendre ce multiplicande autant de fois qu'il y a
d'unités dans les dizaines du multiplicateur ;
passant donc aux dizaines de ce multiplicateur, je dis : 6 fois 4 font 24, et, comme le
chiffre 6 représente 6 dizaines, le produit 24
représente aussi 24 dizaines. Je pose donc
le 4 sous le 9, qui représente les dizaines du
premier produit, et je retiens les 2 dizaines
de dizaines ou les deux centaines. Passant
ensuite aux dizaines du multiplicande, je dis :
6 fois 7 font 42 et 2 de retenue font 44, je
pose 4 et retiens 4. Passant ensuite aux centaines du multiplicande, je dis : 6 fois 6 font
36 et 4 de retenue font 40 que je pose en
entier.

J'ai de cette manière 4044 dizaines pour le
produit du multiplicande par les dizaines du
multiplicateur ; et, comme ce produit et le
premier que nous avons trouvé sont disposés
de manière que les unités de même espèce
sont les unes sous les autres, il est clair que,
pour avoir le produit total, il n'y a plus qu'à
souligner ces deux produits et à les ajouter.

Faisant l'addition, on trouve 45852, pour
le produit des deux facteurs proposés.

42. Soit pour second exemple 20043 à multiplier par 7005.

J'écris ces deux nombres comme il est dit (41) :

$$
\begin{array}{r}
20043 \\
7005 \\
\hline
100215 \\
140301 \\
\hline
\end{array}
$$

Produit.... 140401215

Puis, commençant par les unités, je dis : 3 fois 5 font 15, je pose 5 et retiens 1. Passant aux dizaines, 4 fois 5 font 20 et 1 de retenue font 21 , je pose 1 et retiens 2.

Passant aux centaines, comme le zéro qui suit marque qu'il n'y en a point; je pose les deux centaines que je viens de retenir.

Passant aux mille, comme le second zéro en allant vers la gauche marque qu'il n'y en a point non plus, je pose dans le produit o pour marquer qu'il n'y a point de mille et donner aux chiffres qui suivront leur valeur relative.

Enfin, passant aux dizaines de mille, je dis : 5 fois 2 font 10, je pose o et avance 1.

J'ai de cette manière 100215 pour le pro-

duit du multiplicande par les unités du multiplicateur.

Maintenant, comme il n'y a point de dizaines ni de centaines dans ce multiplicateur, il
ne reste plus, pour avoir le produit total, qu'à
chercher le produit du multiplicande par les
mille du multiplicateur.

Passant donc à ces mille, je dis : 7 fois 3
font 21, et, comme ce sont 21 mille, je pose 1
sous le quatrième chiffre en allant vers la
gauche qui (12) marque la place des mille.

Puis : 7 fois 4 font 28 et 2 de retenue font
30, je pose 0 et retiens 3.

Ensuite, comme il n'y a point de centaines
à multiplier par les mille, je pose le 3 que je
viens de retenir.

Puis, comme il n'y a pas non plus de mille
à multiplier, je pose un zéro pour en tenir la
place.

Enfin, passant aux dizaines de mille, je dis :
7 fois 2 font 14 que je pose en entier.

Les deux produits partiels étant, par la manière dont j'ai opéré, disposés de manière
que les unités de même espèce sont les unes
sous les autres, il ne reste, pour obtenir le
produit total, qu'à les ajouter.

Faisant l'addition, on a pour ce produit total 140401215.

43. *Lorsque l'un des facteurs, ou tous les deux ensemble, sont terminés par des zéro, il faut faire la multiplication comme si ces zéro n'existaient pas, et ajouter à la suite du produit autant de zéro qu'il y en a en somme dans le multiplicande et dans le multiplicateur.*

En effet, soit......... 240 à multiplier par.................... 400.
Je multiplie d'abord.... 24
par................... 4

et après avoir trouvé pour

produit.............. 96

j'observe, 1° que le multiplicande n'est point 24 unités; mais bien 24 dizaines; que, conséquemment le produit 96 trouvé dans la supposition que c'étaient 24 unités, est déjà d'une part dix fois trop petit; 2° que le multiplicateur n'est point 4 unités comme on l'a supposé en faisant le produit 96, mais bien 400 unités, que, conséquemment, le produit 96 est d'autre part 100 fois trop petit.

Il est donc, par ces deux raisons, 10 fois 100 fois trop petit, ou 1000 fois trop petit.

Il faut donc, pour avoir le véritable produit, rendre le nombre 96 mille fois plus grand, c'est-à-dire (16) ajouter à sa suite 3 zéro.

On a alors pour le résultat de la multiplication

des deux nombres $\left\{\begin{array}{l} 240 \\ 400 \end{array}\right.$

le produit......... 96000.

44. *S'il y a des décimales dans les nombres à multiplier, il faut faire la multiplication comme si tous les chiffres exprimaient des nombres entiers; après quoi on séparera dans le produit par une virgule autant de chiffres qu'il y a de décimales, tant dans le multiplicande que dans le multiplicateur.*

C'est une règle dont il est facile de se rendre compte par un raisonnement semblable à celui que nous venons de faire.

Soit en effet	8,31
à multiplier par	12,4
En opérant sans	3324
faire attention à la	1662
virgule, on trouve	831
pour produit........	103044

Maintenant, si l'on observe, 1° que le multiplicande, au lieu d'être huit cent trente-

une unités, est huit unités trente-un centièmes
ou huit cent trente-un centièmes, on verra que
déjà le produit trouvé est cent fois trop grand ;

2° Que le multiplicateur, au lieu d'être
cent vingt-quatre unités, est douze unités
quatre dixièmes, ou cent vingt-quatre dixièmes : on verra-que le produit est encore, par
cette raison, dix fois trop grand.

Il est donc cent fois dix fois ou mille fois
trop grand ; il faut donc, pour avoir le produit exact, rendre le produit trouvé mille fois
plus petit, c'est-à-dire indiquer qu'il représente des millièmes. Or, pour cela (19), il faut
retrancher trois chiffres par une virgule, ce
qui donne 103,044, c'est-à-dire cent trois
unités quarante-quatre millièmes.

45. Il arrive souvent que le produit ne
contient pas autant de chiffres qu'il y a de
décimales, tant dans le multiplicande que dans
le multiplicateur, et alors la règle que nous
venons de donner semble ne pouvoir pas
s'appliquer.

C'est ce qui arriverait si l'on
avait................... 0,33
à multiplier par.......... 0,2
                          _____
   Le produit............   66

trouvé en faisant abstraction des virgules, n'est composé que de deux chiffres, tandis qu'il y a en somme trois décimales dans les deux facteurs. Mais, en répétant le raisonnement que nous venons de faire (44), on voit que ce produit soixante-six n'est point soixante-six unités, mais bien soixante-six millièmes. Or (19), pour indiquer que ce sont soixante-six millièmes, il faut écrire 0, 066, tel est le véritable produit.

Il suit de là que, toutes les fois que le produit ne contiendra pas autant de chiffres qu'il y aura de décimales à retrancher, il faudra y suppléer par un nombre suffisant de zéro que l'on ajoutera sur la gauche de ce produit.

DE LA DIVISION.

46. *La division* a pour but de faire connaître combien un nombre que l'on appelle *dividende* en contient un autre que l'on appelle *diviseur ;* le nombre qui exprime ce résultat s'appelle *quotient.*

C'est, ainsi que nous le ferons voir dans les explications, toujours l'état de là question qui détermine la nature des unités que doit représenter le quotient.

Avant de faire la division, il faut savoir combien un nombre composé de un ou de deux chiffres contient de fois un nombre composé d'un seul chiffre.

Cette connaissance est une conséquence de celle qu'on a de la table de multiplication dont on a parlé, article 40.

En effet, si on sait bien que 7 fois 8 font 56, on sait aussi que 8 est contenu 7 fois dans 56, et que 7 est contenu 8 fois dans le même nombre.

Il en est de même de tous les autres produits qui composent cette table.

Cela posé, soit proposé de diviser 768 par 6, c'est-à-dire de chercher combien de fois le nombre 6 est contenu dans le nombre 768.

J'écris ces deux nombres comme on le voit ici.

Dividende 768) 6   diviseur.

       6   (128   quotient.

Div. part. 16
     12

Div. part. 48
     48

     00

Et, commençant par la gauche du dividende,
je dis : en 7 combien de fois 6? il y est 1 que
j'écris au quotient. (Comme le chiffre 7 représente des centaines, le chiffre 1 doit aussi
représenter des centaines, cependant j'écris
simplement 1, parce que les chiffres qui pro-
viendront des divisions partielles subséquen-
tes, devant être placés à droite, donneront à
celui-ci sa valeur relative.)

Ensuite je multiplie le diviseur 6 par le
chiffre mis au quotient et je porte le produit
6 sous le chiffre 7 que je viens de diviser
afin de l'en retrancher. Faisant la soustraction, j'ai 1 pour reste que j'écris au-dessous.
Ce chiffre 1 représente évidemment la partie
du chiffre 7 qui n'a pas été divisée, c'est une
centaine, ou ce qui est la même chose dix
dizaines.

A côté de ce chiffre 1, j'abaisse le chiffre 6
qui marque les dizaines du dividende et qui,
donnant à ce 1 sa véritable valeur en dizaines,
fait 16 dizaines qu'il s'agit maintenant de
diviser de la même manière que nous avons
divisé les 7 centaines; je dis donc : en 16
combien de fois 6? il y est 2 que j'écris au

quotient à la droite du chiffre déjà trouvé. Ce chiffre 2 représente deux dizaines.

Je multiplie ensuite le diviseur 6 par ce chiffre 2 que je viens de trouver, et je porte le produit 12 sous le nombre 16 que je viens de diviser.

Le reste 4 qu'on obtient en faisant la soustraction représente les dizaines qui n'ont point été divisées ; en conséquence, j'abaisse à côté le chiffre 8 du dividende, ce qui me fait 48 unités qu'il s'agit maintenant de diviser.

Je dis donc : en 48 combien de fois 6 ? il y est 8 que j'écris au quotient à la suite des autres chiffres déjà posés et auxquels il donne leur valeur relative.

Cela fait, je multiplie le diviseur par ce chiffre 8 et je porte le produit 48 sous le dernier nombre que j'ai divisé. Comme il ne reste rien en faisant la soustraction, j'en conclus que le nombre 768 contient le nombre 6 128 fois exactement.

Les nombres 7, 16, 48, que nous avons successivement divisés, s'appellent 1er, 2e et 3e *dividendes partiels*. Et les chiffres 1, 2 et 8, résultat de ces divisions, sont nommés *quotiens partiels*.

47. *Il est clair que le nombre* 128 , *trouvé par l'opération que nous venons de faire, est bien le quotient de la division de* 768 *par* 6, *puisque, pour le composer, nous avons successivement divisé par ce nombre* 6 *toutes les centaines, toutes les dizaines et toutes les unités du dividende, et que les quotiens partiels* 1er, 2 *et* 8, *provenant de ces divisions successives, ont tous maintenant leurs valeurs relatives.*

48. Soit pour second exemple 656577 à diviser par 82.

$$
\begin{array}{r|l}
656577 & 82 \\
656 & \overline{8007 + \frac{3}{82}} \\
\hline
000577 & \\
574 & \\
\hline
003 &
\end{array}
$$

Le chiffre 6 qui représente les centaines de mille du dividende ne contenant point le diviseur 82, j'en conclus qu'il n'y aura point de centaines de mille au quotient. Par une raison semblable, je vois qu'il n'y aura pas non plus de dizaines de mille, puisque le nombre 65 qui les marque dans le dividende est plus petit que le diviseur.

.. Enfin le nombre 656 qui exprime combien il y a de mille dans le dividende étant plus grand que le diviseur, j'en conclus que les unités les plus grandes du quotient seront des milles.

Pour le trouver, je prends pour premier dividende partiel ce nombre 656. Et je dis : en 65 combien de fois 8 ? (Je devrais dire à la rigueur en 656 combien de fois 82 ? mais, comme cela n'est pas aussi facile à apercevoir, il suffit de chercher combien la partie la plus forte du dividende partiel contient la partie la plus forte du diviseur. Le quotient partiel qu'on trouve de cette manière est presque toujours celui qui convient. D'ailleurs la multiplication qu'on fait ensuite de ce quotient par le diviseur fait apercevoir l'erreur s'il y en a. En effet, si le quotient partiel est trop grand, le produit par le diviseur est plus grand que le dividende partiel et la soustraction ne peut s'effectuer. Dans ce cas, on diminue ce quotient partiel successivement de 1, 2 ou 3 unités, jusqu'à ce qu'on arrive à en trouver un qui rende la soustraction possible.

Si le quotient partiel est trop petit, en faisant

la multiplication par le diviseur et soustrayant
le produit du dividende partiel, on a pour
reste un nombre plus grand que le diviseur.
Il faut alors augmenter le quotient de 1, 2, ou
3 unités, jusqu'à ce qu'on en trouve un qui
donne pour reste de la soustraction un nombre
plus petit que ce diviseur.

Au reste, l'usage et un coup-d'œil sur
l'ensemble du diviseur et du dividende partiels apprendront bientôt à trouver du premier coup le quotient partiel qui convient, et
il est rare, lorsqu'on est exercé, qu'on soit
obligé de faire plusieurs tentatives.)

Je dis donc: en 65 combien de fois 8? il y
est 8 que je mets au quotient; puis, faisant
la multiplication, je trouve 656, qui, retranché du dividende partiel, me donne 0 pour
reste.

A côté de ce reste, j'abaisse le chiffre suivant 5 qui représente les centaines du dividende, et, comme il ne contient pas le diviseur, j'en conclus qu'il n'y a pas de centaines
au quotient. En conséquence, je pose 0 à la
droite du 8, pour tenir la place des centaines.

J'abaisse ensuite à la droite du 5 le chiffre
7 qui marque les dizaines du dividende, et

j'ai 57 pour nouveau dividende partiel. Ce
nombre 57, qui représente des dizaines, ne
contenant point le diviseur 82, j'en conclus
de nouveau qu'il ne doit pas y avoir de dizaines au quotient, et je pose un zéro à la
droite du premier.

Enfin, j'abaisse le dernier chiffre 7, et j'ai
pour quatrième dividende partiel 577, qui,
contenant le diviseur, marque qu'il doit y
avoir au quotient des unités.

Pour les trouver, je dis : en 57 combien de
fois 8? il y est 7 que je pose au quotient.
Faisant ensuite la multiplication, j'ai pour
produit 574, qui, retranché du dividende
partiel 577, me donne pour reste 3; d'où je
conclus que le nombre 82 est contenu 8007
fois dans le nombre 656577, et qu'il y a un
reste 3. Lorsqu'on veut avoir le quotient
exact, on écrit ce reste à la suite du quotient
avec ce signe + qui signifie *plus*, et on met
au-dessous le diviseur qu'on a soin d'en séparer par un trait. Le quotient s'énonce alors
de cette manière : 8007 unités, plus 3 à diviser par 82, ou 8007 *unités plus* 3 *quatre-vingt-
deuxièmes.*

En effet, si on conçoit l'unité divisée en 82

parties, et si l'on appelle *quatre-vingt-deuxième* chacune de ces parties, 3 à diviser par 82, qui est la même chose que 1 divisé par 82 (ou 1 quatre-vingt-deuxième) pris 3 fois, sera 3 quatre-vingt-deuxièmes.

Ce nombre $\frac{3}{82}$ est ce qu'on appelle une *fraction*.

Nous indiquerons plus tard la manière de calculer les fractions ; en attendant, nous allons faire voir comment, lorsqu'il y a un reste après une division, on peut, au moyen des décimales, approcher aussi près qu'on veut du véritable quotient.

49. *Lorsqu'il y a des décimales, il faut, si le nombre en est le même dans le dividende et dans le diviseur, faire l'opération comme s'il n'y avait point de virgule.* En effet, diviser 43,45, par 2,27, c'est chercher combien de fois 4345 centièmes contiennent 227 centièmes. Or, il est évident que ces deux nombres se contiennent l'un l'autre de la même manière que s'ils représentaient des unités.

50. *Si le nombre des décimales n'est point le même dans les deux nombres, il faut le rendre tel en ajoutant à la suite de celui qui en a le moins une quantité suffisante de zéro,*

(*ce qui* (24) *ne changera rien à la valeur de ce nombre*), *et opérer ensuite comme il vient d'être dit.*

Soit, par exemple, 143,6 à diviser par 1,377 ; j'ajoute 2 zéro à la suite du premier nombre, et la question devient 143,600 à diviser par 1,377.

Ces deux nombres représentant tous les deux des millièmes, il est clair que le quotient qui doit exprimer combien de fois le plus grand contient le plus petit sera absolument le même que si ces deux nombres représentaient des unités entières.

Je les écris donc sans faire attention à la virgule.

$$
\begin{array}{r|l}
143600 & 1377 \\
1377 & \overline{104,28} \\
\hline
5900 & \\
5508 & \\
\hline
3920 & \\
2754 & \\
\hline
11660 & \\
11016 & \\
\hline
644. &
\end{array}
$$

Je prends pour premier dividende partiel

les 4 premiers chiffres qui sont nécessaires pour 'contenir le diviseur, 'et je dis : en 14 combien de fois 13 ? il y est 1 que je pose au quotient.

Je multiplie le diviseur par cet 1, et je pose le produit 1377 sous le dividende partiel 1436.

Faisant la soustraction, j'ai pour reste 59.

J'abaisse à la suite le premier zéro du dividende, et j'ai pour deuxième dividende partiel 590.

Ce nombre ne contenant point le diviseur, je pose o au quotient pour tenir la place des dizaines.

Le nombre 590 n'ayant pas été divisé, j'abaisse à sa droite le second zéro du dividende, et j'ai pour troisième dividende partiel 5900.

Ce nouveau dividende contenant le diviseur, je dis : en 5 combien de fois 1 ? il y est 4 que je mets au quotient.

Je multiplie ensuite le diviseur par ce nombre 4, et portant le produit sous le troisième dividende partiel, j'ai, après avoir fait la soustraction, 592 pour reste.

D'où je conclus que 143,6 contient 1,377

6

104 fois avec un reste 392, ou, (portant ce reste à la suite du quotient, comme nous avons dit (48) que le premier nombre contient le second 104 fois $+ \frac{392}{1577}$ de fois, c'est à-dire, 104 fois plus 392 treize cent soixante-dix-septième de fois.

Pour exprimer en décimales ce qui doit provenir au quotient de ce reste de division, j'observe que les 392 unités qui restent à diviser sont la même chose que 3920 dixièmes.

Je transforme donc ces unités en dixièmes, en ajoutant un zéro à la suite du nombre 392 qui les représente, et j'ai pour quatrième dividende partiel 3920.

Je dis donc: en 3 combien de fois 1 ? il y est 2 que je mets au quotient.

Mais le nombre 3920 que je viens de diviser représentant des dixièmes, le chiffre 2 doit aussi représenter des dixièmes : il faut donc (19) le séparer des unités simples par une virgule.

Le quotient 104,2 est le quotient exact à moins d'un dixième près.

Pour en approcher davantage, je multiplie le diviseur par le chiffre 2 que je viens de trouver, et je retranche le produit 2754 du dividende partiel 3920.

J'ai pour reste 1166 dixièmes que je transforme en centièmes en ajoutant un zéro à la suite, ce qui me donne pour nouveau dividende partiel 11660.

Divisant ce dernier nombre, je trouve 8 que je mets au quotient à la droite du 2, pour exprimer que ce chiffre 8 représente des centièmes.

On a de cette manière le quotient exprimé en décimales à moins d'un centième près.

Si on voulait approcher davantage, il faudrait, après avoir multiplié le diviseur par 8, et retranché le produit du dernier dividende, ajouter un nouveau zéro au reste 644 qui résulterait de cette soustraction, et ainsi de suite.

51. Si les nombres proposés ne contenaient que des décimales, la règle à suivre pour les diviser serait absolument la même.

Ainsi soit, par exemple, 0,34 à diviser par 0,003.

C'est-à-dire 34 centièmes à diviser par 3 millièmes.

J'ajoute à la suite du premier nombre un

zéro, afin de rendre les décimales de même espèce, et j'ai 0,340 à diviser par 0,003, ou 340 millièmes à diviser par 3 millièmes. Or, comme 340 millièmes contiennent 3 millièmes autant de fois que 340 unités contiennent 3 unités, on aura le quotient des deux nombres proposés en divisant 340 par 3.

On voit par là que, *lorsqu'il n'y a que des décimales, il faut ne tenir aucun compte des zéro qui peuvent se trouver entre la virgule et le premier chiffre positif de la fraction.*

Faisant la division

$$
\begin{array}{r|l}
340 & 3 \\
3 & \overline{\quad 113 + \frac{1}{3}} \\
\hline
04 & \\
3 & \\
\hline
10 & \\
9 & \\
\hline
1 & \\
\end{array}
$$

on trouve pour quotient $113 + \frac{1}{3}$, cent treize plus un tiers.

Nous remarquerons que le dernier reste 1, en y ajoutant un zéro, donne un dividende partiel semblable à celui qui précède ; tous les chiffres qui viendraient au quotient, si on

voulait exprimer le reste en décimales, seraient aussi semblables à celui provenant de
la dernière division; ainsi, si on veut le quotient à un centième près, on écrira 113,33.

Si on le veut à un dix millième près, on
écrira 113,3333.

32. *Si le dividende et le diviseur sont terminés*
par des zéro, on peut, pour abréger, et sans
qu'il en résulte aucun changement au quotient,
retrancher le même nombre de zéro sur la droite
de chacun des deux nombres.

En effet, diviser 8400 par 400, c'est chercher combien 84 centaines contiennent de
fois 4 centaines. Or, il est clair qu'elles se
contiennent entre elles comme 84 unités contiennent 4 unités.

33. *Lorsque le diviseur est représenté par*
l'unité suivie d'un ou de plusieurs zéro, il suffit,
pour avoir le quotient, de retrancher, par une
virgule, dans le dividende, autant de chiffres
qu'il y a de zéro dans le diviseur, et, s'il y a déjà
des décimales dans le dividende, de reporter la
virgule d'autant de rangs sur la gauche qu'il y a
de ces zéro; le dividende ainsi modifié sera le
quotient.

La raison de cette règle est facile à saisir ;

car, diviser un nombre par 10 ou par 100, etc.,
c'est chercher un autre nombre qui soit 10
fois ou 100 fois plus petit. Or (23), on obtient
celui-ci en reportant la virgule de une ou
deux places vers la gauche. Ainsi, le quotient
de 3875 par 100 est 38,75, celui de 38,75 par
le même nombre est 0,3875.

~~~~~~

MANIÈRE ABRÉGÉE DE FAIRE LA DIVISION.

54. Nous avons jusqu'ici, pour rendre les
principes de la division plus faciles à saisir,
porté sous chaque dividende-partiel le produit
du diviseur par le quotient pour en faire ensuite la soustraction.

On peut s'épargner la peine d'écrire ces
produits, et faire la soustraction à mesure
qu'on multiplie par le quotient chaque chiffre
du diviseur.

Prenons pour exemple les nombres que
nous avons déjà divisés (50).

$$
\begin{array}{r|l}
143600. & 1377 \\ \cline{2-2}
005900 & 104,28 \\
03920 & \\
11660 & \\
0644 &
\end{array}
$$

Après avoir pris pour premier dividende partiel les 4 premiers chiffres qui sont nécessaires pour contenir le diviseur, je trouve que le diviseur est contenu une fois dans ce dividende, et j'écris 1 au quotient.

Après quoi, au lieu de porter sous le dividende le produit du diviseur par ce quotient pour en faire ensuite la soustraction, je multiplie d'abord les unités du diviseur par ce quotient 1 en disant : 1 fois 7 est 7.

Comme je ne puis ôter 7 de 6, dernier chiffre du dividende partiel, j'emprunte une unité sur le chiffre suivant 3, ce qui me fait 16, et je dis : de 16 ôtez 7, reste 9 que j'écris au-dessous.

Maintenant, au lieu de tenir compte de l'unité de dizaine empruntée, en diminuant le chiffre 3 d'une unité, je laisse subsister le chiffre 3 et je retiens, par la pensée, l'unité empruntée pour l'ajouter au produit suivant qui sera à retrancher. (Il est clair que le résultat de la soustraction sera le même, puisque si, d'une part, le nombre dont j'aurai à retrancher est trop grand d'une unité, le produit que j'aurai à retrancher sera, d'autre part, augmenté d'une unité.)

Je dis donc, passant aux dizaines du diviseur : 1 fois 7 est 7 et 1 de retenue font 8.

Comme je ne puis ôter 8 de 5, j'emprunte
une unité sur le chiffre 4, ce qui me fait 15,
et dis : 8 de 13, reste 5 que j'écris au-dessous.

Passant aux centaines, je dis : 1 fois 3 est
3, et 1 de retenue font 4, qui, ôtés de 4, donnent o pour reste.

Enfin, passant aux mille, je dis : 1 fois 1
est 1, de 1 reste o.

Le reste 59, trouvé par cette opération, est
bien évidemment le même que celui que j'aurais obtenu si j'avais d'abord multiplié le diviseur par le quotient, puis retranché le
produit de ces deux nombres du dividende
partiel.

J'abaisse à côté de ce reste le premier zéro
du dividende, et, comme le nombre 590 qui
en résulte ne contient point le diviseur, je
pose o au quotient pour marquer qu'il n'y a
pas de dizaines.

Pour avoir les unités, j'abaisse le second o
du dividende, et, après avoir trouvé que le
diviseur est contenu 4 fois dans 5900, je dis :
4 fois 7 font 28, et, comme je ne puis les ôter
de o, j'emprunte sur le chiffre 9 3 dizaines,

et je dis : 28 ôtés de 3o, reste 2 que j'écris
au-dessous.

Passant aux dizaines, je dis : 4 fois 7 font
28 et 3 dizaines de retenue font 31 ; comme
je ne puis les ôter de o, j'emprunte 4 centaines ou 4o dizaines sur le chiffre 9 qui, à
cause des 3 dizaines retenues et ajoutées au
produit, n'a point diminué, et je dis : 31 ôtés
de 4o, reste 9 et retiens 4 ; puis, multipliant
les centaines, je dis : 3 fois 4 font 12 et 4 de
retenue font 16, de 19 reste 3 et retiens 1 ;
enfin, passant aux mille : 1 fois 4 est 4 et 1 de
retenue font 5, de 5 reste o.

Pour avoir des décimales au quotient, j'a-
joute au reste 392 un zéro, comme nous l'a-
vons dit (5o), et je dis : en 3 combien de fois
1 ? il y est 2, que j'écris au quotient.

Puis, faisant la multiplication et soustrayant à mesure, je dis : 2 fois 7 font 14,
de 20 reste 6 (que j'écris) et retiens 2 ; puis :
2 fois 7 font 14 et 2 de retenue font 16, de
22 reste 6 (que je pose) et retiens 2 ; puis 2
fois 3 font 6 et 2 de retenue font 8, de 9 reste
1 (que j'écris) ; enfin : 1 fois 2 est 2, de 3
reste 1, je pose 1.

A la droite du reste 1166 que je viens d'obtenir, j'ajoute un nouveau o pour avoir des centièmes au quotient.

Divisant, je dis : en 11 combien de fois 1 ? il y est 8 que je pose au quotient.

Puis, pour avoir le reste, je dis : 8 fois 7 font 56, de 60 reste 4 et retiens 6 ; je pose le 4. Puis : 7 fois 8 font 56 et 6 de retenue font 62, de 66 reste 4 et retiens 6, je pose le 4.

Puis ; 3 fois 8 font 24 et 6 font 30, de 36 reste 6 et retiens 3, je pose le 6.

Enfin : 1 fois 8 est 8 et 3 de retenue font 11, de 11 reste o.

Comme on doit toujours se proposer d'abréger les opérations, c'est de cette manière que nous conseillons d'opérer et que nous opérerons nous-mêmes dans toutes les divisions que nous aurons à faire.

55. Avant de terminer ce que nous avions à dire sur la division, nous observerons que si, dans le cours de l'opération, le diviseur se trouvait contenu plus de 9 fois dans l'un des dividendes partiels, ce serait une preuve que le chiffre placé au quotient en vertu de la division partielle précédente serait trop faible : il faudrait alors augmenter ce chiffre,

et recommencer la multiplication du diviseur et la soustraction du produit pour avoir un nouveau reste.

~~~~~~

DE LA PREUVE DE LA MULTIPLICATION.

56. Puisque, dans une multiplication, le produit contient le multiplicande autant de fois qu'il y a d'unités dans le multiplicateur, il est évident que, si l'on divise le produit par le multiplicande, c'est-à-dire si l'on cherche combien de fois le multiplicande est contenu dans le produit, on doit trouver pour quotient le multiplicateur. Or, comme dans une multiplication le produit est le même lorsqu'on met le multiplicande à la place du multiplicateur, on voit qu'on peut dire en général *que, si l'on divise un produit par l'un quelconque de ses facteurs, on doit, si la multiplication a été bien faite, trouver pour quotient l'autre facteur.*

Proposons-nous de vérifier le produit 45832 trouvé (41).

$$\begin{array}{c|c} 45832 & 674 \\ 5392 & 68 \\ 000 & \end{array}$$

Je prends pour diviseur le multiplicande 674, et trouve pour quotient 68 qui est le multiplicateur.

57. On aurait pu vérifier ce produit d'une autre manière. En effet, *si l'on ne prend que la moitié du multiplicande, et si l'on répète cette moitié deux fois autant qu'il est marqué par le multiplicateur, c'est-à-dire si l'on multiplie la moitié du multiplicande par le double du multiplicateur, on doit avoir le même produit.*

Exemple.

337 moitié du multiplicande.
136 double du multiplicateur.

$$
\begin{array}{r}
2022 \\
1011 \\
337 \\
\hline
45832
\end{array}
$$

~~~~~~

DE LA PREUVE DE LA DIVISION.

58. Puisque le quotient d'une division marque combien de fois le diviseur est contenu dans le dividende, il est clair que, si l'on répète le diviseur autant de fois qu'il y a d'unités

dans le quotient, c'est-à-dire si l'on multiplie le diviseur par le quotient ou réciproquement, on doit, si l'opération a été bien faite, trouver pour produit le dividende.

Soit à vérifier le quotient 8007 trouvé (48).

$$8007$$
$$82$$

$$\overline{}$$

$$16014$$
$$64056$$

$$\overline{}$$

$$656574$$
$$3 \text{ Reste.}$$

$$\overline{}$$

$$656577$$

Je multiplie le quotient par le diviseur, ce qui me donne un produit, lequel devrait être égal au dividende si la division avait été faite sans reste. Mais, comme il y a un reste 3 qui n'a pas été divisé, il convient de l'ajouter à ce produit ; on trouve alors le dividende.

Applications.

59. Ce que nous avons dit suffit pour apprendre à faire et à vérifier toutes les additions, soustractions, multiplications et divisions possibles, et il est facile de voir que, pour en faire des applications, il n'y a plus qu'à spécifier l'espèce des unités que l'on veut calculer.

7

Avant de donner quelques exemples de ces applications, nous croyons ne pouvoir trop recommander de se bien pénétrer des principes de ces quatre opérations fondamentales, et de s'en rendre la pratique familière.

PREMIÈRE QUESTION.

Un négociant a, dans son porte-feuille, 3 bil-lets souscrits par un même particulier ; le pre-mier est de 285 fr. 75 c., le second est de 1078 fr. 30 c. ; enfin le troisième est de 75 fr. 88 c. Le souscripteur voudrait renouveler ses billets, et les remplacer par un seul ; on demande quel doit être le montant de ce dernier billet.

Il est clair que la question se réduit à ajouter ensemble les trois nombres 285,75, 1078,30 et 75,88, et à indiquer dans la somme (qui sera *le montant du billet demandé*), que ce sont des francs dont il s'agit.

Opération.

$$
\begin{array}{r}
285,75 \\
1078,30 \\
75,88 \\
\hline
\end{array}
$$

Somme..... 1439^{f}93^c

Preuve..... 0211,10

DEUXIÈME QUESTION.

Un ouvrier avait 275 m. 80 ci.m. d'ouvrage à faire; il en a déjà livré 186,25, combien lui en reste-t-il à exécuter?

Il est facile de voir que, pour avoir le nombre demandé, il faut chercher la différence des deux nombres 275,80 et 186,25 donnés par l'état de la question.

Opération.

$$275,80$$
$$186,25$$

Différence...... 89,55

Preuve........ 275,80

TROISIÈME QUESTION.

Un épicier s'est engagé à fournir 2504 ko.g. 25 da.g. de sucre; il en a déjà dans ses magasins 245 k.,30; il en attend de ses correspondans 875 k.,25; quelle nouvelle demande doit-il faire pour être en état de remplir ses engagemens?

J'ajoute les deux nombres.........
$$\begin{cases} 245,30 \\ 875,25 \end{cases}$$

et j'ai 1120 k.,55 pour la quantité de sucre sur laquelle l'épicier peut déjà compter.

Puis, de 2504 k. 25 à fournir,
je retranche 1120 k. 55

et je trouve 1383 k. 70

pour la quantité de sucre qui lui reste à demander.

QUATRIÈME QUESTION.

Un marchand a acheté 544 m. 55 *d'étoffe, à raison de* 5 f. 25 *le mètre;* on demande *combien il doit payer pour solder son achat.*

Il est clair que ce qu'il doit payer est le prix de chaque mètre répété autant de fois qu'il y a de mètres; il faut donc multiplier 5 f.,25, par 544,55, et exprimer que le produit représente des francs.

Opération.

$$544,55$$
$$5,25$$

$$27 \quad 2275$$
$$108 \quad 910$$
$$2722 \quad 75$$

Solution 2858^f 8875   Preuve

$$\begin{array}{l} 136 \quad 13750 \\ 27 \quad 227500 \\ 0 \quad 000000 \end{array} \left\{ \begin{array}{l} 5445500 \\ \hline 5,25 \end{array} \right.$$

Comme les millièmes et dix-millièmes sont des valeurs idéales qu'on néglige dans la pratique, le marchand devra payer 2856 f. 88 centimes.

CINQUIÈME QUESTION.

On demande combien il y a de minutes dans 2 ans 16 jours 7 heures 31 minutes, l'année supposée de 365 jours.

Je multiplie............ 365

par..................... 2

et j'ai................. 730
pour le nombre des jours qui équivalent à deux ans;
j'y ajoute les........... 16 jours.
donnés par la question

et j'ai.................. 746 jours.

Maintenant, comme le jour est composé de 24 heures,

Je multiplie..... 746

par 24

2984
1492

et j'ai......... 17904

pour le nombre d'heures contenues dans deux
ans 16 jours,

j'y ajoute les............ 7 h.

de la question et j'ai.. 17911 heures.

Comme l'heure est composée de 60 minutes,
je multiplie   17911
par.................. 60

et j'ai.......... . 1074660
pour le nombre de
minutes contenues·   .   .   .
dans 2 ans 16 jours.. ..   . .   .
7 heures; j'y ajoute   ·
les............. .   51 minutes.
de la question, et

j'ai pour solution 1074691 minutes.

SIXIÈME QUESTION.

*Un particulier laisse, par son testament, 342
francs à partager également entre 24 indigens,
on demande quelle est la part de chacun.*

Il est facile de voir que le nombre demandé
sera composé d'autant d'unités que le nombre
24 est compris de fois dans 342. Conséquemment que, pour obtenir ce nombre, il faut
chercher le quotient de 342 par 24.

Opération.

342 ⎰ 24
102 ⎱ 14 f. 25   solution.
060
1 20
00

SEPTIÈME QUESTION.

*Combien, pour 132 f. 50 c., fera-t-on d'ou-
vrage à raison de 6 f. 25 le mètre ?*

Il est évident qu'on fera autant de mètres
qu'il y a de fois 6 f. dans 132 f. 50; il faut
donc chercher le quotient de 132 f. 50 par 6,25.

Ce quotient exprimera des mètres.

Cet exemple, où les unités du quotient que
l'on cherche n'ont aucune espèce de rapport
avec celles du dividende et du diviseur donnés
par l'état de la question, prouve ce que nous
avons dit (46) sur la nature des unités du
résultat de la division.

Opération.

13250 ⎰ 625
750 ⎱ 21 m. 2   solution.
1250
000

42 ouvriers, travaillant en société, ont fait 1806 m. 50 d'ouvrage, à raison de 1 f. 52 par mètre.

On leur a fourni, pour leur nourriture et en déduction du prix de leur travail, savoir : 225 k. 09 de pain, à raison de 0,35 ; 15 l. 60 de légumes, à raison de 11,50. Combien faut-il payer à chaque ouvrier pour le solder ?

Je multiplie d'abord 225,09 par 0 f. 35, et j'ai 787 f. 81, pour le prix du pain fourni.

Je multiplie également 15 l. 60, par 11 f. 50, et j'ai 179 f. 40 pour la valeur des légumes fournis.

J'additionne ces deux résultats, et je trouve que les vivres à déduire valent 967 f. 21.

Je multiplie ensuite 1806 m. 50 par 1 f. 52, et j'ai pour montant du travail fait 2745 f. 88.

De cette somme je retranche les 967 f. 21 trouvés ci-dessus, et il reste net à payer à la société 1778 f. 67 qui, divisés par 42, nombre des ouvriers, me donnent 42 f. 35, un peu plus pour ce qui revient à chacun.

DES FRACTIONS.

60. On appelle *fraction* tout nombre qui représente une quantité plus petite que l'unité.

61. Pour exprimer une fraction, on conçoit l'unité divisée en un certain nombre de parties dont on marque la quantité par un nombre que l'on appelle *dénominateur ;* puis on indique, par un autre nombre que l'on appelle *numérateur,* combien il entre de ces parties dans la valeur de la fraction.

62. Ces deux nombres s'appellent aussi d'un nom commun les *termes* de la fraction.

63. Pour ne point confondre les deux termes d'une fraction, on écrit le dénominateur sous le numérateur et on l'en sépare par un trait.

Ainsi, si l'on conçoit l'unité principale divisée en 5 parties égales, et si l'on veut exprimer un nombre qui contiendrait 3 de ces parties, on écrira

$$\text{termes} \begin{cases} 3 \text{ numérateur} \\ \overline{5} \text{ dénominateur.} \end{cases}$$

Pour énoncer cette fraction, on lira d'abord le numérateur, puis ensuite le dénominateur,

en ajoutant à la fin la terminaison *ième;* ainsi
l'on prononcera *trois cinquièmes.*

Sont exceptés de cette manière d'énoncer,
les fractions $\frac{1}{2}$ *une demie,* $\frac{1}{3}$ *un tiers,* $\frac{1}{4}$ *un quart.*

64. *On ne change point la valeur d'une frac-*
tion lorsqu'on multiplie, ou qu'on divise ses deux
termes par un même nombre.

En effet, lorsqu'on multiplie le dénominateur d'une fraction par le nombre 5, par exemple, on exprime que les parties de l'unité sont
5 fois plus petites ; mais, en multipliant le
numérateur par le même nombre, on marque
qu'il entre dans la valeur de la fraction 5 fois
plus de parties. Il y a donc compensation, et
la valeur ne change pas.

Ce que nous venons de dire du nombre 5,
on peut le dire des autres nombres, et il est
facile de voir, par un raisonnement semblable,
qu'on peut diviser les deux termes d'une frac-
tion par un même nombre sans rien changer à
la valeur de cette fraction.

65. Lorsqu'on a plusieurs fractions à comparer, il n'est pas toujours facile de voir du
premier coup-d'œil quelles sont les plus
grandes et de combien elles l'emportent les
unes sur les autres.

Pour parvenir à cette connaissance, il faut transformer les fractions de manière qu'elles aient un même dénominateur, parce qu'alors les parties de l'unité étant les mêmes, il suffit d'examiner les numérateurs pour connaître les rapports qui existent entre elles.

Proposons-nous, par exemple, de chercher quelle est la plus grande des fractions $\frac{1}{4}$ et $\frac{1}{7}$.

Je multiplie les deux termes de la première par le dénominateur 7 de la seconde, ce qui (64) n'en change pas la valeur, et j'ai la fraction $\frac{7}{28}$ qui est égale à $\frac{1}{4}$.

Je multiplie ensuite les deux termes de la seconde fraction par le dénominateur 4 de la première, et j'obtiens la fraction $\frac{4}{28}$ qui est de même grandeur que $\frac{1}{7}$.

Les nouvelles fractions $\frac{7}{28}$ et $\frac{4}{28}$ sont faciles à comparer, et me font voir que $\frac{1}{4}$ est plus grand que $\frac{1}{7}$ de $\frac{3}{28}$.

66. Si l'on a plusieurs fractions à réduire au même dénominateur, il faut multiplier les deux termes de chacune d'elles par le produit des dénominateurs de toutes les autres.

Il est clair que le dénominateur de chaque nouvelle fraction ne pourra manquer d'être le même, puisqu'il sera formé du produit de tous les dénominateurs primitifs.

Soit pour exemple les fractions, $\frac{2}{3}$ $\frac{3}{4}$ $\frac{5}{7}$ $\frac{8}{9}$, à réduire au même dénominateur.

Je multiplie les deux termes de la première fraction par le produit des dénominateurs 4, 7 et 9 des trois autres, en disant : 7 fois 9 font 63 ; puis, 4 fois 63 font 252. Je multiplie donc 2 et 3 par 252, et j'ai une nouvelle fraction $\frac{504}{756}$, qui est égale à $\frac{2}{3}$.

Je multiplie ensuite les deux termes de la fraction $\frac{3}{4}$ par le produit des dénominateurs 3, 7 et 9 des trois autres, et j'ai $\frac{567}{756}$, qui est de même valeur que $\frac{3}{4}$.

Passant à la troisième fraction, je multiplie ses deux termes 5 et 7 par le produit des dénominateurs 3, 4 et 9, des trois autres, et j'ai $\frac{540}{756}$, égal à $\frac{5}{7}$.

Enfin, je multiplie les deux termes de la dernière fraction par le produit des dénominateurs des trois premiers, et j'obtiens $\frac{672}{756}$ à la place de $\frac{8}{9}$.

Les quatre fractions proposées sont donc changées en $\frac{504}{756}$, $\frac{567}{756}$, $\frac{540}{756}$ et $\frac{672}{756}$: fractions moins simples, mais beaucoup plus faciles à comparer.

Remarquons qu'une fois le dénominateur 756 trouvé, on peut se dispenser de multiplier les dénominateurs des fractions suivantes, puisque le produit sera toujours 756.

67. Il arrive souvent que, par suite des opérations, on obtient un résultat dans lequel le numérateur est plus grand que le dénominateur ; ce n'est point alors une fraction proprement dite que l'on obtient, ce sont des entiers sous la forme fractionnaire.

Pour les débarrasser de cette forme, il faut diviser le numérateur par le dénominateur. Le quotient marque les entiers, et le reste est le numérateur de la fraction qui doit leur être ajoutée.

Supposons qu'on ait obtenu pour résultat d'une opération le nombre $\frac{23}{5}$: il est clair que, le nombre 5 faisant voir (61) en combien de parties l'unité est divisée, il y aura autant d'unités dans le nombre $\frac{23}{5}$ qu'il y a de fois 5 dans 23.

Faisant la division, on trouve que $\frac{23}{5}$ est égal à 4 unités, plus $\frac{3}{5}$.

68. Lorsque des entiers, joints à des fractions, doivent être employés dans des calculs subséquens, il est souvent plus commode de

8

mettre ces entiers sous la forme fractionnaire. *Pour cela, on multiplie les entiers par le déno-minateur de la fraction qui leur est jointe, et on donne au produit le dénominateur de cette fraction.*

La raison de cette règle est facile à saisir. Supposons, par exemple, qu'on ait 5 plus $\frac{2}{3}$ à employer dans un calcul, et que, pour cela, on veuille réduire les entiers en tiers. Je mul-tiplie 5 par 3, ce qui me donne 15; mais à ce nombre 15, trois fois plus grand que 5, je donne le dénominateur 3, qui marque qu'il faut trois des parties qu'il représente pour valoir une unité.

La valeur du nombre $\frac{15}{3}$ que j'obtiens est donc la même que celle du nombre entier 5 joint à la fraction.

On a donc $\frac{15}{3}$ plus $\frac{2}{3}$ égal à 5 plus $\frac{2}{3}$, en ajoutant les numérateurs, puisqu'ils repré-sentent des quantités de même espèce, et on a $\frac{17}{3}$ égal à 5 plus $\frac{2}{3}$.

69. La valeur d'une fraction ne changeant point (64) lorsqu'on multiplie ou qu'on divise ses deux termes par un même nombre, il suit qu'il y a une infinité de fractions qui ont même valeur, quoique exprimées en termes différens.

Comme l'on doit toujours se proposer de simplifier les calculs, il faut, avant d'y employer une fraction, la ramener à être exprimée par le moins de chiffres possibles. C'est ce qu'on appelle *réduire une fraction à sa plus simple expression.*

Pour y parvenir, on divisera les deux termes de la fraction par le nombre 2 autant de fois que cette division pourra se faire sans reste.

Cette division devenue impossible, on essayera le nombre 3, et s'il est en même temps *sous-multiple* des deux termes (9), on les divisera par ce nombre 3 autant de fois que faire se pourra.

On fera la même chose pour tous les autres nombres premiers, 5, 7, 11, etc. (10)

Ces divisions successives, en simplifiant les termes, ne changeront point (64) la valeur de la fraction.

Il est facile de voir que la division, par les nombres premiers 2, 3 et 5, etc., étant épuisée, il est inutile de la tenter par leurs multiples 4, 8, 9, 12, etc.

70. Pour éviter autant que possible les tentatives, et reconnaître d'avance, lorsque les

divisions successives pourront s'effectuer,
nous observerons ;

1° Que tout nombre terminé par un chiffre
pair est toujours divisible par 2.

2° Que tout nombre, dont tous les chiffres
ajoutés ensemble, comme s'ils représentaient
des unités simples, font un nombre exact de
fois trois, est divisible par 3.

Tel est 945, dont tous les chiffres ajoutés
ensemble font 18, qui est un multiple de 3.

3° Que tout nombre terminé par un zéro
ou par un 5, est divisible par 5.

71. Proposons-nous pour exemple de ré-
duire à sa plus simple expression la fraction $\frac{504}{756}$.

On voit, d'après ce que nous venons de
dire, que les deux termes de cette fraction
sont divisibles par 2.

Effectuant la division, j'ai une nouvelle
fraction $\frac{252}{378}$ égale à la première.

Les deux derniers chiffres indiquant que la
division par 2 est encore possible, je fais cette
division, et j'ai $\frac{126}{189}$.

Le numérateur de cette fraction est encore
divisible par 2, mais le dénominateur terminé
par un 9 ne l'est point. Il faut donc essayer
le nombre 3.

Or, j'observe que tous les chiffres du numérateur ajoutés ensemble donnent 9, multiple
de 3.

Que tous ceux du dénominateur, également
ajoutés ensemble, donnent 18, aussi multiple
de 3.

J'en conclus que la division des deux termes
par 3 est possible. Faisant cette division, il
me vient la fraction $\frac{42}{63}$.

La division par 3 étant encore possible,
ainsi qu'on le voit à l'inspection des chiffres
des deux termes, je fais cette division, et
j'ai $\frac{14}{21}$.

Ce nombre n'étant terminé ni par un zéro,
ni par un 5, j'en conclus que la division par
5 n'est pas possible.

J'essaie, en conséquence, le nombre 7, et
il me vient $\frac{2}{3}$.

Si, au lieu de $\frac{14}{21}$, on avait eu une autre
fraction, telle que la division par 7 n'eût pas
été possible, il aurait fallu essayer le nombre
premier 11, et ainsi de suite, jusqu'à ce que
la grandeur du nombre premier, comparée
à celle des termes de la fraction, fît voir qu'il
n'y a plus de division possible à espérer.

72. Indépendamment des moyens que nous

venons d'indiquer, on peut réduire immédiatement une fraction à sa plus simple expression en divisant ses deux termes par *le plus
grand commun diviseur* qu'ils peuvent avoir.

Pour trouver ce plus grand commun diviseur, *il faut diviser le plus grand terme par le
plus petit. S'il n'y a point de reste, le plus petit
terme est le plus grand commun diviseur. S'il y
a un reste, on divise le plus petit terme par ce
reste, et, si la division se fait exactement, ce
reste est le plus grand commun diviseur. Si la
division ne se fait pas exactement, on divise le
premier reste par le second, et ainsi de suite,
jusqu'à ce qu'on arrive à un reste qui soit diviseur exact de celui qui le précède. Ce dernier
reste est le plus grand commun diviseur cherché.*

73. Reprenons la fraction $\frac{504}{756}$ que nous
avions tout à l'heure.

Je divise 756 par 504, je trouve 1 pour
quotient, et pour reste 252.

Je divise ensuite 504 par 252, et je trouve
qu'il le contient 2 fois exactement.

De là je conclus que 252 est le plus grand
commun diviseur des deux nombres 756 et
504 : 1° il divise 504, et, comme 756 est égal à

5o4, plus 252, il divise aussi 756 ; 2° ce diviseur, devant à la fois diviser 756 et 5o4, doit aussi diviser le reste de la division de 756 par 5o4 : or, ce reste est 252, qui n'a pas de plus grand diviseur que lui-même.

Faisant la division des deux termes de la fraction par 252, elle se réduit à $\frac{1}{3}$, ainsi que nous l'avons déjà trouvé.

74. *Une fraction peut toujours être considérée comme le quotient d'une division dont le numérateur serait le dividende et le dénominateur le diviseur.*

En effet, la fraction $\frac{3}{4}$, par exemple, n'est autre chose que 3 fois le quart de l'unité.

Le quotient de 3 par 4 est le quart de 3 unités.

Or, le quart de 3 unités et 3 fois le quart d'une unité sont bien évidemment la même chose.

Il suit de là qu'on peut toujours réduire une fraction ordinaire en fractions décimales, ou, lorsque cela est impossible, approcher de sa valeur aussi près qu'on le voudra. Voyez (5o) ce qui a été dit pour exprimer en décimales les restes d'une division.

75. Prenons pour exemple la fraction $\frac{3}{4}$.

$$
\begin{array}{l|l}
3\text{o} & 4 \\
\hline
20 & 0,75 \\
\text{o} &
\end{array}
$$

3 ne contenant point 4, je le change en dixième, en ajoutant un zéro à la suite, puis, je dis : en 30 combien de fois 4 ? il y est 7 que je mets au quotient, et, pour exprimer que ce sont 7 dixièmes, je mets un zéro pour tenir la place des unités, ét je l'en sépare par une virgule (21).

Faisant la multiplication du quotient par le diviseur, et retranchant le produit du dividende, j'ai pour reste 2.

Ce 2 représente 2 dixièmes ; je les change en centièmes, en ajoutant un zéro à la suite, et je dis : en 20 combien de fois 4 ? il y est 5, que je pose au rang des centièmes.

Comme ce quotient ne donne point de reste, j'en conclus que 0,75 est en décimales la valeur exacte de la fraction $\frac{3}{4}$.

S'il y avait un reste, on approcherait de la valeur exacte en ajoutant de nouveaux zéro à la suite de ce reste (50).

76. *Si le numérateur dividende, suivi d'un*

*zéro , ne contenait pas le diviseur, on y en
ajouterait un nombre suffisant , et on aurait
soin de placer le chiffre qui viendrait au quotient à un rang déterminé par le nombre de
zéro qu'on aurait ajoutés.*

En effet, si l'on ajoute 3 zéro pour que le
dividende cóntienne le diviseur, c'est transformer les unités de ce dividende en millièmes ;
il faut donc exprimer que le chiffre qui vient
en quotient représente des millièmes, c'est-
à-dire le mettre au troisième rang à droite de
la virgule ; on mettra donc un zéro à la place
des unités, puis, à droite de la virgule, deux
zéro, pour tenir la place des dixièmes et des
centièmes. (21)

~~~~~~

DE L'ADDITION DES FRACTIONS.

77. *Lorsque les fractions ont même dénominateur, il faut, pour les ajouter, faire la
somme des numérateurs, et donner à cette
somme le dénominateur commun.*

78. *Si les fractions n'ont point même dénominateur, il faut d'abord les y réduire* (66),
*et ajouter ensuite le numérateur comme il vient
d'être dit.*

79. Proposons-nous d'ajouter ensemble les
fractions $\frac{2}{3}$, $\frac{3}{4}$, $\frac{5}{7}$.

Je le réduis d'abord (66) au même déno-
minateur, et j'ai à leur place les fractions $\frac{56}{84}$,
$\frac{63}{84}$, $\frac{60}{84}$.

Les numérateurs de ces fractions représentant tous des quatre-vingt-quatrièmes, je les
ajoute, et j'ai $\frac{179}{84}$ pour la somme des fractions
proposées, ou (67) débarrassant les entiers,
j'ai $2 + \frac{11}{84}$.

80. *Lorsqu'il y a des entiers joints aux frac-*
tions, on en fait la somme séparément, et on
y ajoute les entiers provenant de l'addition des
fractions qui leur sont jointes.

Soit proposé d'ajouter $11 + \frac{3}{4}$ à $179 + \frac{2}{3}$.

Je réduis les deux fractions au même dénominateur, et la question devient,

ajouter..................... $11 + \frac{27}{36}$

à......................... $179 + \frac{32}{36}$

faisant l'addition, on a ...... $190 + \frac{59}{36}$

Or, $\frac{59}{36}$ est (67) la même chose que $1 + \frac{23}{36}$,
conséquemment la somme des deux nombres
proposés est $191 + \frac{23}{36}$.

DE LA SOUSTRACTION DES FRACTIONS.

81. *Si les fractions à retrancher l'une de l'autre ont même dénominateur, il faut, pour avoir la différence, soustraire le plus petit numérateur du plus grand, et donner au reste le dénominateur commun.*

82. *Si les fractions n'ont point le même dénominateur, il faut d'abord les y réduire, et opérer ensuite comme il vient d'être dit.*

83. Soit pour exemple $\frac{1}{3}$ à retrancher de $\frac{5}{7}$.

Je réduis les deux fractions au même dénominateur, et il me vient $\frac{7}{21}$ à retrancher de $\frac{15}{21}$, quantités dont la différence est $\frac{8}{21}$.

84. *S'il y a des entiers joints aux fractions, il faut préalablement réduire les fractions au même dénominateur, puis prendre successivement la différence des fractions et celle des entiers; sauf à emprunter ainsi que nous l'allons faire voir, lorsque la fraction la plus petite fait partie du nombre dont on doit retrancher.*

85. Soit pour exemple $11 + \frac{1}{4}$ à retrancher de $14 + \frac{2}{3}$.

Je réduis les deux fractions au même dénominateur, et la question devient,

de...................... $14 + \frac{8}{12}$

retrancher.................. $11 + \frac{9}{12}$

$\overline{\qquad\qquad\qquad 2 + \frac{11}{12}}$

Comme on ne peut pas retrancher $\frac{9}{12}$ de $\frac{8}{12}$,
j'emprunte sur le chiffre 4 une unité qui vaut
$\frac{12}{12}$, qui, ajoutés au $\frac{8}{12}$ que j'ai déjà, me font
$\frac{20}{12}$. Je dis donc : de $\frac{20}{12}$ ôtez $\frac{9}{12}$, reste $\frac{11}{12}$, que
j'écris au-dessous.

Puis, passant aux unités, et observant que
le chiffre 4 est, en vertu de l'emprunt que
j'ai fait, diminué d'une unité, je dis : de 13
ôtez 11, reste 2, que je pose sous les unités.

Il y a donc 2 unités $+ \frac{11}{12}$ de différence entre les deux nombres.

~~~~~~

DE LA MULTIPLICATION DES FRACTIONS.

86. *Pour multiplier une fraction par un*
nombre entier, il faut multiplier le numérateur
par ce nombre, et donner au produit le dénomi-
nateur de la fraction.

Soit $\frac{7}{8}$ à multiplier par 4.

Je multiplie 7 par 4, et, pour exprimer que

le produit 28 représente des huitièmes, je donne à ce produit le dénominateur 8 de la fraction.

J'ai donc pour résultat $\frac{24}{8}$, ou (69) réduisant à la plus simple expression $\frac{7}{2}$, ou enfin (67), débarrassant les entiers $3 + \frac{1}{2}$.

87. *Lorsque les nombres à multiplier sont tous les deux des fractions, il faut, pour avoir le numérateur du produit, multiplier les numérateurs l'un par l'autre ; puis, pour avoir le dénominateur de ce même produit, multiplier les deux dénominateurs aussi l'un par l'autre.*

88. En effet, soit $\frac{4}{5}$ à multiplier par $\frac{2}{3}$, je dis :

Si le multiplicateur était 2, il faudrait (86) multiplier le numérateur 4 par ce nombre, et on aurait pour produit $\frac{8}{5}$.

Mais ce multiplicateur n'est point 2, c'est $\frac{2}{3}$, ou une quantité 3 fois plus petite que 2.

Le produit cherché doit donc être trois fois plus petit que $\frac{8}{5}$, il faut donc, pour le trouver, rendre $\frac{8}{5}$ trois fois plus petit.

Or, pour rendre $\frac{8}{5}$ trois fois plus petit, il suffit de multiplier son dénominateur par 3, puisqu'on exprime, par cette multiplication,

9

qu'il faut trois fois plus de parties pour composer une unité. On a donc $\frac{8}{15}$ pour le produit des deux fractions proposées.

89. Il est facile de voir pourquoi le produit $\frac{8}{15}$ que nous venons de trouver est plus
petit que chacune des fractions que nous avons
multipliées. En effet, (39) multiplier $\frac{4}{5}$ par $\frac{2}{3}$,
c'est répéter $\frac{4}{5}$ $\frac{2}{3}$ de fois, ou, ce qui est la
même chose, prendre les $\frac{2}{3}$ de $\frac{4}{5}$. Le produit $\frac{8}{15}$
n'est donc que les $\frac{2}{3}$ du multiplicande $\frac{4}{5}$.

90. *Si les facteurs sont composés d'entiers
et de fractions, il faut* (68) *réduire ces entiers en fractions, et faire ensuite la muttipli-
cation comme il est dit* (87).

Soit $7 + \frac{2}{5}$, à multiplier par $8 + \frac{2}{3}$.

Je réduis le multiplicande en cinquièmes et
le multiplicateur en tiers, et j'ai $\frac{37}{5}$ à multiplier par $\frac{26}{3}$.

Faisant la multiplication, il me vient pour
produit $\frac{982}{15}$, qui valent $65 + \frac{13}{15}$.

~~~~~~

DE LA DIVISION DES FRACTIONS.

91. *Pour diviser une fraction par un nombre entier, il faut multiplier le dénominateur*

par le nombre entier, et donner au produit le
numérateur de la fraction.

En effet, diviser $\frac{2}{7}$ par 4, c'est chercher un
nombre 4 fois plus petit que $\frac{2}{7}$. Or, on aura
ce nombre en multipliant par 4 le dénominateur de la fraction $\frac{2}{7}$, puisqu'on exprime
par là que les parties de l'unité que représente le numérateur sont 4 fois plus petites.
Faisant l'opération, on a pour quotient $\frac{2}{28}$,
ou réduisant $\frac{1}{14}$.

92. *Pour diviser une fraction par une autre*
fraction, il faut multiplier le numérateur de la
fraction dividende par le dénominateur de la
fraction diviseur, et donner pour dénominateur
à ce résultat le produit du dénominateur de
la fraction dividende, par le numérateur de
la fraction diviseur.

Ou, ce qui revient au même, renverser la
fraction diviseur (c'est-à-dire mettre le numé-
rateur à la place du dénominateur et récipro-
quement), et opérer ensuite comme s'il s'a-
gissait de multiplier.

93. En effet, soit $\frac{1}{4}$ à diviser par $\frac{2}{3}$, je dis :

S'il s'agissait de diviser $\frac{1}{4}$ par 2, il faudrait
(91) multiplier le dénominateur 4 par 2, et
on aurait pour quotient $\frac{1}{8}$.

Mais ce n'est point par 2 qu'il faut diviser, c'est par $\frac{2}{3}$, quantité 3 fois plus petite que 2, et qui conséquemment est contenue dans le dividende 3 fois autant que 2. Il faut donc, pour avoir le quotient cherché, rendre le quotient $\frac{2}{8}$ trois fois plus grand.

Pour cela, il faut (86) multiplier son numérateur par 3, ce qui donne pour résultat $\frac{9}{8}$ ou $1 + \frac{1}{8}$.

Ce que nous venons de faire est évidemment la même chose que si, après avoir renversé les deux termes de la fraction diviseur, on avait ensuite multiplié les deux fractions.

94. *Si l'on avait un entier à diviser par une fraction, on renverserait la fraction diviseur, et on multiplierait par l'entier la fraction ainsi renversée.*

Soit 4 à diviser par $\frac{5}{7}$.

Si le diviseur était 5, le quotient serait $\frac{4}{5}$, quantité 5 fois plus petite que 4.

Mais ce diviseur est 7 fois plus petit que 5. Le quotient du dividende par ce diviseur est donc 7 fois plus grande que $\frac{4}{5}$; il faut donc, pour le trouver, rendre $\frac{4}{5}$ 7 fois plus grand, c'est-à-dire multiplier son numérateur par 7. On a alors $\frac{28}{5}$ ou $5 + \frac{3}{5}$.

95. *S'il y a des entiers joints aux fractions,
il faut, avant de faire la division, les réduire
chacun en fractions.*

Soit pour exemple $4 + \frac{3}{4}$ à diviser par $3 + \frac{2}{5}$.

Je change (68) le dividende en $\frac{19}{4}$ et le diviseur en $\frac{17}{5}$, et l'opération est réduite à diviser $\frac{19}{4}$ par $\frac{17}{5}$.

Faisant la division, on trouve pour quotient $\frac{95}{68}$ ou $1 + \frac{27}{68}$.

96. Les opérations qu'on peut faire sur les
fractions se vérifient d'après les principes qui
ont été précédemment developpés en parlant
des nombres entiers. Ainsi, si une multiplication est bien faite, le produit divisé par l'un des
facteurs doit donner l'autre au quotient, etc.

Application.

NEUVIÈME QUESTION.

*Quatre ouvriers d'égale force ont en commun
exécuté un certain ouvrage.*

Le premier y a travaillé 3 jours		$\frac{1}{2}$.
Le second a travaillé . 2 j.		$\frac{3}{4}$.
Le troisième, 1 j.		$\frac{2}{3}$.
Et le quatrième, 5 j.		$\frac{1}{7}$.

On demande *combien de jours un seul de ces*

*ouvriers aurait employés pour confectionner
l'ouvrage.*

Puisque les ouvriers-sont d'égale force, un
seul d'entre eux aurait évidemment employé
autant de jours qu'il y en a dans la somme
des temps pendant lesquels ils ont travaillé
chacun. Il faut donc, pour avoir le nombre
demandé, ajouter ensemble les quantités.

$$3 + \tfrac{1}{2}, \; 2 + \tfrac{3}{4}, \; 1 + \tfrac{4}{3}, \; 5 + \tfrac{1}{7}.$$

Pour cela, je réduis les fractions au même
dénominateur, et les quantités ci-dessus deviennent.

$$3 + \tfrac{84}{168}, \; 2 + \tfrac{124}{168}, \; 1 + \tfrac{112}{168}, \; 5 + \tfrac{24}{168}.$$

Faisant l'addition, j'ai $11 + \tfrac{346}{168}$, ou réduisant et débarrassant les entiers, $13 + \tfrac{5}{84}$.

Un seul ouvrier aurait donc employé 13
jours plus $\tfrac{5}{84}$ de jour à faire l'ouvrage.

Pour réduire $\tfrac{5}{84}$ de jour en subdivisions
ordinaires, j'observe (74) que $\tfrac{5}{84}$ sont la même
chose que le quotient de cinq jours divisés par
84. Or, 5 jours font la même chose que 5
fois 24 heures, ou 120 heures.

Je divise donc 120 heures par 84, et je
trouve au quotient $1 + \tfrac{16}{84}$ d'heure.

L'ouvrier aurait donc employé 13 jours 1
heure, plus $\tfrac{16}{84}$ d'heure.

Pour exprimer la fraction $\frac{36}{84}$ d'heure en minutes, je réduis les 36 heures qui n'ont pas été divisées en minutes, en les multipliant par 60, nombre qui marque combien il y a de minutes dans une heure. Il me vient 2160 minutes, qui, divisées par 84, donnent pour quotient $25 + \frac{60}{84}$ de minutes, ou réduisant $25 + \frac{5}{7}$ de minutes, il aurait donc fallu, si l'on n'avait employé qu'un seul homme, 13 jours 1 heure 25 minutes plus $\frac{5}{7}$ de minute pour exécuter l'ouvrage.

DIXIÈME QUESTION.

On demande quel est le nombre duquel ayant ôté $\frac{5}{7}$ le reste soit $\frac{3}{4}$.

Ce nombre est évidemment plus grand que $\frac{3}{4}$ d'une quantité exprimée par $\frac{5}{7}$; il faut donc, pour le trouver, ajouter ensemble les deux fractions $\frac{3}{4}$ et $\frac{5}{7}$.

Pour cela, je les réduis au même dénominateur, et elles deviennent $\frac{21}{28}$ et $\frac{20}{28}$, donc la somme est $\frac{41}{28}$.

ONZIÈME QUESTION.

Quel nombre faudrait-il retrancher de 6 $+ \frac{2}{3}$ pour que le reste soit $\frac{3}{4}$?

Puisque le nombre cherché, retranché de 6 $+\frac{1}{3}$, doit donner pour reste $\frac{3}{4}$, il est plus petit que $6+\frac{1}{3}$, d'une quantité exprimée par $\frac{3}{4}$; il faut donc, pour le trouver, retrancher $\frac{3}{4}$ de $6+\frac{1}{3}$.

Pour cela, je réduis les fractions au même dénominateur, et il me vient

de. . . . . $6+\frac{4}{12}$

retrancher. . . . . $\frac{9}{12}$

Différence ou nombre
cherché. . . . . $5+\frac{7}{12}$

DOUZIÈME QUESTION.

A quel nombre faudrait-il ajouter $\frac{3}{5}$ pour que la somme soit $1+\frac{16}{35}$?

Puisqu'il faudrait ajouter $\frac{3}{5}$ au nombre cherché pour avoir $1+\frac{16}{35}$, ce nombre est plus petit que $1+\frac{16}{35}$ d'une quantité représentée par $\frac{3}{5}$. Il faut donc, pour le trouver, retrancher $\frac{3}{5}$ de $1+\frac{16}{35}$.

Comme le dénominateur 5 de la première fraction est sous-multiple de celui de la seconde, je réduis au même dénominateur en multipliant les deux termes de cette première fraction par 7, et il me vient $\frac{21}{35}$ à retrancher de $1+\frac{16}{35}$.

Ou, réduisant l'entier en fraction, $\frac{27}{35}$ à retrancher de $\frac{57}{35}$.

Quantité dont la différence est $\frac{40}{35}$ ou 6 $\frac{5}{7}$.

TREIZIÈME QUESTION.

Un particulier a un jardin dont la superficie est de 8 ares $\frac{1}{2}$. Il en voudrait mettre en bâtiment $\frac{3}{4}$ d'are, et en cour 1 are $\frac{1}{3}$; on demande combien il lui restera de superficie en jardin.

Pour résoudre cette question, je puis de 8 ares $\frac{1}{2}$ retrancher successivement ce qu'on doit mettre en bâtiment, et ce qu'on doit mettre en cour, ou ajouter ces deux dernières quantités, et les retrancher d'un seul coup de 8 ares $\frac{1}{2}$; le reste exprimera la superficie demandée.

Ajoutant 1 $+\frac{1}{3}$ à $\frac{3}{4}$, je trouve 2 $+\frac{1}{12}$ pour la somme des superficies, qui seront occupées par les cour et bâtiment.

Maintenant, de 8 $+\frac{1}{2}$, superficie totale, je retranche 2 $+\frac{1}{12}$, et j'ai pour différence 6 $+\frac{5}{12}$.

Il restera donc 6 ares $+\frac{5}{12}$ d'are en jardin.

Si l'on veut exprimer la fraction $\frac{5}{12}$ d'are en subdivisions ordinaires de l'are, on ré-

duira (74) cette fraction en décimales, et l'on
trouvera qu'elle équivaut à 41 centiares, un
peu plus.

QUATORZIÈME QUESTION.

*Un particulier qui avait 2 mètres $\frac{2}{3}$ de ve-
lours, en a cédé les $\frac{3}{4}$ à son voisin ; on demande
ce qui lui en reste.*

Si l'on connaissait la part du voisin, on
aurait ce qui reste en retranchant cette part
de 2 mètres $\frac{2}{3}$. C'est donc cette part qu'il faut
d'abord chercher.

Or, cette part est les $\frac{3}{4}$ de 2 mètres $\frac{2}{3}$.

Pour prendre les $\frac{3}{4}$ de 2 mètres $\frac{2}{3}$, il faut
prendre 2 mètres $\frac{2}{3}$ trois quarts de fois, c'est-
à-dire multiplier 2 mètres $\frac{2}{3}$ par $\frac{3}{4}$.

Faisant cette multiplication, je trouve que
la part du voisin est $1 + \frac{9}{12}$ ou $1 + \frac{3}{4}$.

Retranchant cette part de 2 mètres $\frac{2}{3}$, on
trouve $\frac{7}{12}$ pour ce qui reste au particulier.

Si l'on veut exprimer la fraction $\frac{7}{12}$ en subdivisions ordinaires du mètre, on la réduira
en décimales, et l'on trouvera qu'elle équivaut
à 0,58, un peu plus.

QUINZIÈME QUESTION.

Un négociant a fait un voyage dans lequel il p *dépensé en achat les* $\frac{1}{4}$ *de son argent. Un domestique infidèle, qui l'accompagnait, lui a volé les* $\frac{2}{5}$ *de ce qui lui restait, de telle sorte que ses dépenses personnelles, qui montaient à* 340 f. 70, *après avoir absorbé le reste, l'ont mis dans la nécessité de rentrer chez lui avec* 125 f. 50 *de dettes.*

On demande *combien ce négociant avait d'argent avant d'entreprendre son voyage, et combien on lui a volé.*

Le négociant, après avoir soldé ses achats, n'avait plus que $\frac{1}{4}$ de la somme demandée.

Le domestique a volé les $\frac{2}{5}$ de ce quart. Or, les $\frac{2}{5}$ de $\frac{1}{4}$ sont le produit de $\frac{1}{4}$ par $\frac{2}{5}$.

Ce produit est $\frac{2}{10}$.

Le domestique a donc volé $\frac{1}{10}$ de la somme que le négociant avait emportée.

Celui-ci avait préalablement dépensé $\frac{1}{4}$: donc, si l'on ajoute $\frac{1}{4}$ à $\frac{1}{10}$, on aura la fraction de la somme totale qui n'existait plus lorsqu'il s'est agi de payer les dépenses particulières.

La somme de ces 2 fractions est $\frac{7}{10}$; le négociant n'avait donc plus que $\frac{1}{10}$ de son argent lorsqu'il a voulu payer ses hôtes.

Or, sa dépense, qui est de 340 f. 70, a absorbé ces $\frac{1}{10}$, et il doit encore 125 f. 50.

Donc, si de.............. 340,70
je retranche................ 125,50
_____

j'aurai...................... 215,20
pour la valeur des $\frac{1}{15}$ de l'argent que le négo-ciant avait emporté.

Maintenant, 215 f. 20 étant les $\frac{1}{10}$ de l'argent du négociant, sont le produit de cet argent par $\frac{1}{10}$. Conséquemment, si je divise 215 f. 20 par $\frac{5}{10}$, j'aurai pour quotient le montant de l'argent cherché.

Faisant la division, je trouve $\frac{4304}{3}$, qui va-lent 1434 f. $+ \frac{2}{3}$, ou réduisant $\frac{2}{3}$ en décimales 1434 f. 66, un peu plus.

Telle est la somme que le négociant avait em-portée.

Pour avoir celle qui lui a été volée, je rappelle, que cette somme est $\frac{1}{10}$ de la somme totale.

Il faut donc diviser la somme totale par 10.

Faisant (53) cette division, on trouve 1434 f. 66.

SEIZIÈME QUESTION.

59 ouvriers d'inégale force, travaillant ensemble, ont reçu 3655 f. 80 pour le montant d'un ouvrage qu'ils ont exécuté en 49 jours $\frac{2}{3}$. Chacun des 20 premiers gagnait le double de l'un des 19 derniers.

On demande à combien revient la journée de chacun.

Puisque chacun des 20 premiers gagnait le double de l'un des 19 derniers, ces 20 premiers ont gagné autant qu'auraient gagné 40 des derniers. Conséquemment, si l'on ajoute 40 à 19, la question deviendra : 59 ouvriers de même force (c'est celle des derniers) ont reçu 3655 f., etc.

Donc, si on divise 3655 f. par 59, on aura ce que l'un des derniers ouvriers a gagné.

Faisant cette division, on trouve pour quotient 61 $+ \frac{56}{59}$.

Maintenant, cette somme de 61 $+ \frac{56}{59}$ a été gagnée en 49 jours $\frac{2}{3}$. Conséquemment, en la divisant par 49 $\frac{2}{3}$, on aura le prix de la journée des derniers ouvriers.

Réduisant les entiers en fractions, et faisant la division, on trouvera $\frac{12965}{8791}$ ou 1 fr. $+ \frac{2174}{8791}$

pour le prix réduit de la journée des derniers ouvriers.

Les premiers ayant gagné le double, leur journée monte à 2 fr. $+ \frac{348}{8793}$.

Si l'on veut avoir ces valeurs en subdiviseurs ordinaires de francs, il faut réduire en décimales les fractions $\frac{2174}{8793}$ et $\frac{4348}{8793}$. On trouvera que la journée réduite des derniers revient à 1 f. 24, un peu plus, et celle des premiers à 2 f. 49, un peu plus.

~~~~~~

DES PROPORTIONS.

97. On appelle *raison* ou *rapport géométrique* le nombre qui exprime combien de fois une quantité en contient une autre.

Ainsi, si l'on compare les nombres 12 et 4, le rapport de 12 à 4 est $\frac{12}{4}$ ou 3, parce que 12 contient 4 $\frac{12}{4}$ de fois ou 3 fois.

Le rapport de 4 à 12, au contraire, est $\frac{4}{12}$ ou $\frac{1}{3}$, parce que 4 ne contient 12 que $\frac{1}{3}$ de fois.

98. Pour exprimer que l'on compare géométriquement deux quantités, on les écrit comme il suit 12 : 4, et l'on prononce 12 *est à* 4.

99. Les quantités 12 et 4 s'appellent d'un nom commun, les *termes* du rapport.

100. Pour distinguer les termes d'un rapport, on nomme le premier *antécédent* et le second *conséquent*.

Ainsi, dans le *rapport* ci-dessus 12 : 4, 12 est l'antécédent et 4 le conséquent.

101. Les deux termes d'un rapport représentent, comme l'on voit (97), une fraction dont l'antécédent est le numérateur et le conséquent le dénominateur.

102. Il suit de là, et de ce qui a été dit (64), *qu'on peut multiplier ou diviser par un même nombre les deux termes d'un rapport géométrique sans rien changer à ce rapport.*

Cette propriété sert à simplifier les rapports de la même manière qu'on simplifie les fractions.

103. *Une proportion géométrique* se compose de l'égalité de deux rapports géométriques.

Elle contient donc quatre termes qui sont tels que le rapport qui existe entre les deux premiers est égal à celui qui règne entre les deux derniers.

Ainsi les nombres : 12, 4, 15 et 5, for-

ment une proportion géométrique, parce que
12 contient 4 autant de fois que 15 contient 5.

104. Pour énoncer une proportion géométrique, on écrit :

$$12 : 4 : : 15 : 5,$$

et l'on prononce : 12 *est à* 4 *comme* 15 *est à*
5 ; ce qui veut dire, 12 contient 4 autant de
fois que 15 contient 5.

105. On distingue les termes d'une proportion par premier, second, etc., en raison
de la place qu'ils occupent.

106. Le premier et le dernier terme d'une
proportion s'appellent encore *les extrêmes,*
et le second et le troisième se nomment *les
moyens.*

107. La propriété fondamentale des proportions géométriques *est que le produit des
extrêmes est toujours égal au produit des moyens.*

108. En effet, reprenons la proportion :

$$12 : 4 : : 15 \text{ est à } 5.$$

Puisqu'il y a proportion, les fractions $\frac{12}{4}$
et $\frac{15}{5}$, qui représentent le rapport, sont égales
(101 et 103).

Or, il est clair que cette égalité ne sera pas
troublée par la réduction de ces fractions au

même dénominateur; puisque (65) cette réduction ne change rien à la valeur de ces
fractions.

On aura donc (ne faisant pour être plus
clair qu'indiquer la multiplication du numérateur),

$$\frac{12 \text{ multiplié par } 5}{20} \text{ égal à } \frac{15 \text{ multiplié par } 4}{20}$$

Or, puisque les deux fractions sont égales
et que les dénominateurs sont les mêmes, les
numérateurs sont nécessairement égaux. On
a donc

12 multiplié par 5 égal à 15 multiplié par 4,
ce qu'il fallait démontrer.

109. La propriété que nous venons de démontrer n'appartient qu'aux quantités qui
sont en proportion; car, si 4 quantités ne sont
pas en proportion, la fraction qui représentera le rapport qui existe entre les deux pre-
mières ne sera pas égale à celle qui exprimera le rapport entre les deux dernières.

En réduisant au même dénominateur, l'iné-
galité subsistera toujours.

Le produit des deux quantités extrêmes ne
sera donc pas égal au produit des deux autres.

110. De cette propriété fondamentale des

proportions, *il résulte que, 3 des 4 termes d'une proportion étant donnés par l'énoncé d'une question, on trouvera le quatrième en multipliant le second par le troisième, et divisant le produit par le premier.*

En effet, le quatrième terme, qui est un extrême, est égal au quotient du produit des extrêmes, par le premier terme qui est l'autre facteur de ce produit ; ou (puisque le produit des extrêmes est égal à celui des moyens) il est égal au quotient du produit des moyens par le premier terme.

111. Il suit de cette même propriété *que, dans toute proportion, toutes les permutations qu'on peut faire, sans que le produit des extrêmes cesse d'être égal au produit des moyens, changent seulement le rapport, mais n'empêchent point qu'il y ait proportion.*

112. Conséquemment, si l'on met les moyens à la place des extrêmes et les extrêmes à la place des moyens, les nombres ainsi disposés seront encore en proportion.

113. Si l'on met le troisième terme à la place du second, et réciproquement, ou le quatrième à la place du premier, les produits des moyens et des extrêmes ne changeant point

les quantités, ne cesseront point d'être en proportion.

114. Puisque (113) l'on peut mettre le troisième terme à la place du second, et que (102) l'on peut multiplier ou diviser par un même nombre les deux termes d'un rapport, sans rien changer à ce rapport, on doit conclure *qu'on peut multiplier ou diviser les deux antécédens d'une proportion par un même nombre, sans qu'il cesse d'y avoir proportion.*

Il en est de même des conséquens.

APPLICATION.

115. Les proportions dont nous venons de démontrer les principales propriétés ont des applications continuelles en arithmétique.

Ce sont elles qui servent à faire toutes les *règles de trois*. (On appelle ainsi les opérations qui ont pour objet : *trois termes d'une proportion étant connus, trouver le quatrième.*)

116. Une règle de trois est dite *simple*, lorsque l'énoncé de la question ne renferme que quatre quantités, dont trois sont connues. (On ne parle point ici des quantités qui

quelquefois comprises dans l'énoncé, sont étrangères à la solution de la question. Avec un peu d'attention, on reconnaît facilement ces quantités superflues, et l'on en fait abstraction.)

117. Elle est dite *composée*, lorsque les termes de la proportion à laquelle doit appartenir la quantité cherchée se composent de plusieurs quantités qu'il faut préalablement calculer d'après l'état même de la question.

118. On dit qu'une règle de trois est *directe*, lorsque, d'après l'état de la question, la quantité qu'il s'agit de trouver doit être d'autant plus grande ou d'autant plus petite que celle qui lui est liée immédiatement, et qu'on appelle *sa relative*, est elle-même plus grande ou plus petite.

Par exemple, la question : 16 *mètres d'étoffe ont coûté* 280 *francs, combien auraient coûté* 45 *mètres*, donne lieu à une règle de trois directe, parce que la somme que l'on cherche doit être d'autant plus grande, que la quantité 45 mètres dont elle est le prix est plus considérable.

119. Une règle de trois est appelée *inverse*, lorsque, d'après l'énoncé de la question, la

quantité que l'on cherche doit être d'autant
plus petite que sa relative est plus grande,
ou d'autant plus grande que sa relative est
plus petite.

La question : 3o *hommes ont fait un certain ouvrage en* 25 *jours, combien aurait-il
fallu d'hommes pour faire le même ouvrage en*
15, donne lieu à une règle de trois inverse,
parce qu'il aurait fallu employer d'autant plus
d'hommes que la quantité de jours pendant
laquelle ils auraient travaillé est moins considérable.

120. Indépendamment de ces quatre sortes
principales, les règles de trois prennent encore différentes dénominations en raison de
la nature des questions qui en sont l'objet.

121. Toutes ces dénominations ne sont d'aucune conséquence, et si nous en parlons, ce
sera moins pour établir une différence entre les
règles, que parce que nous aurons occasion de
définir et de faire connaître un grand nombre
de choses en usage dans le commerce.

122. La même question pouvant être présentée de plusieurs manières différentes, et
les questions dont les énoncés paraissent au
premier coup-d'œil avoir le plus de ressem-

blance étant souvent celles qui, dans le fond,
ont le moins de rapports entre elles, nous
engageons une fois pour toutes à ne poser
jamais aucun chiffre qu'on n'ait auparavant
bien compris l'état de la question.

C'est dans la nature de la question qu'on
doit chercher les moyens de solution, et non
dans la ressemblance qu'il pourrait y avoir
entre son énoncé et celui d'une autre question.

Tout ce qui est routine expose à des erreurs, on n'en fait jamais tant qu'on a le raisonnement pour guide.

~~~~~~

DE LA RÈGLE DE TROIS ; DIRECTE, SIMPLE.

DIX-SEPTIÈME QUESTION.

123. *75 ouvriers ont fait, dans un certain
temps, 450 mètres d'ouvrage; on demande combien
20 ouvriers en feront dans le même temps.*

Il est clair que 20 ouvriers feront moins
d'ouvrage que n'en ont fait 75, et que la
quantité qu'ils exécuteront sera contenue dans
450 (quantité faite par 75 ouvriers), autant
de fois que 20 est contenu dans 75.

La quantité cherchée est donc le quatrième terme d'une proportion dont les 3 premiers sont ceux-ci : 75 : 20 : : 450 :

Or (110), pour avoir ce quatrième terme, il faut multiplier 20 par 450, et diviser le produit par 75.

Le produit de 20 par 450 est 9000, le quotient de 9000 par 75 est 120; 20 *ouvriers feront donc* 120 *mètres d'ouvrage.*

124. Pour m'assurer de l'exactitude de ce résultat, il suffit de chercher si 120 est effectivement contenu dans 450 autant de fois que 20 est contenu dans 75, c'est-à-dire s'il y a proportion. Or (109), il y a proportion toutes les fois que le produit des extrêmes est égal au produit des moyens.

Je multiplie donc 75 par....... 120
que je viens de trouver, et j'ai pour
produit des extrêmes............. 9000
quantité égale au produit des moyens que nous avons trouvé ci-dessus.

Remarquons qu'on aurait pu, avant de faire le produit des moyens, simplifier la proportion, en observant que les termes du premier rapport sont divisibles par 5, et en faisant (102) cette division.

La proportion eût alors été changée en celle-ci :

$$15 : 4 : : 450 : $$

dont le quatrième terme est également 120.

Enfin, en observant que les deux antécédens sont divisibles par 15, et en faisant cette division, ce qui est permis (114), la proportion se serait encore simplifiée et serait devenue

$$1 : 4 : : 30 : $$

dont le quatrième terme est aussi 120.

Il faut toujours, lorsqu'en vertu de l'énoncé d'une question une proportion est posée, examiner si, d'après ce que nous avons dit (102 et 114), ses termes ne sont point susceptibles d'être simplifiés.

DIX-HUITIÈME QUESTION.

Un négociant, avec 52475 f. 45, a gagné en 4 ans 9642 f. 50 ; un autre négociant, pendant le même temps, a gagné 5260 f. 45 avec 28045 f. 25.

On demande *lequel des deux a tiré le meilleur parti de l'argent qu'il avait mis dans le commerce.*

Cette question, au premier abord, paraît, par son énoncé et par le nombre des quantités qui sont données, différer essentiellement de celle que nous venons de résoudre ; elle est cependant absolument de même nature. Nous faisons cette remarque, afin de faire voir combien il est essentiel de ne jamais perdre de vue ce que nous avons dit (122).

J'observe d'abord que la quantité 4 ans, n'influant point sur la solution, est ce que (116) nous avons appelé une donnée superflue ; en conséquence, j'en fais abstraction.

Maintenant il est clair que la question se réduit à chercher combien le premier négociant, proportionnellement au bénéfice qu'il a fait, aurait gagné s'il n'avait eu que l'argent du second, et à voir si le résultat est plus grand ou plus petit que 5260 f. 45 qu'a gagné le second.

Je me fais donc mentalement cette question : *un négociant avec 52475 f. 45 a gagné 9642 f. 50 ; combien avec 28045 f. 25 aurait-il gagné ?*

Or, ce qu'il aurait gagné est contenu dans 9642 f. 50, autant de fois que 28045 f. 25 est contenu dans 52475 f. 45 ; c'est donc le quatrième terme d'une proportion dont les trois premiers sont ceux-ci :

11

52475,45 : 28045,25 : : 9642,50 :

Multipliant (110), 28045,25 par 9642,50, et divisant le produit par 52475,45, on trouve pour quatrième terme 5153,38 en né-gligeant les millièmes.

Cette somme étant plus petite que 5260,45 de 107 f. 07 c., j'en conclus que le second négociant a plus profité que le premier, et qu'il a gagné 107 f. 07 de plus que s'il avait bénéficié dans le rapport du premier.

On aurait pu résoudre cette question en divisant le bénéfice total fait par chacun, par la somme qu'il avait mise dans le commerce ; les quotiens auraient été les bénéfices par franc, qui, étant comparés, auraient donné la so-lution.

DIX-NEUVIÈME QUESTION.

Les $\frac{3}{4}$ d'une étoffe valent les $\frac{5}{6}$ d'une autre étoffe ; on demande combien $\frac{8}{9}$ de la première valent de la seconde.

Cette question, d'après ce que nous avons dit, est extrêmement facile ; elle donne lieu à cette proportion $\frac{3}{4} : \frac{8}{9} : : \frac{5}{6}$: un quatrième terme qu'on trouve (110) être $\frac{80}{81}$.

DE LA RÈGLE DU CENT.

125. Cette règle a pour objet : *connaissant le prix d'une quantité quelconque, trouver celui du cent, et réciproquement.*

VINGTIÈME QUESTION.

52 m. 00 *de toile ont coûté* 152 f. 50 ; *combien coûteront* 100 m. ?

On a cette proportion :

52 : 100 : : 152 f. 50 : un quatrième terme qui sera le prix du cent.

Le produit de 152,50 par 100 est (22) 15250, qui, divisé par 52, donne 293 + $\frac{14}{52}$, ou en décimales 293 f. 28 , un peu plus.

VINGT-ET-UNIÈME QUESTION.

Le cent d'oranges se vend 18 f. 25 ; *combien faudrait-il en vendre pour recevoir* 31 f. 39 ?

Il est évident que la quantité cherchée contient 100 autant de fois que 31,39 contient 18,25.

On a donc cette proportion : ·

18,25 : 31,39 : : 100 :

un quatrième terme qu'il s'agit de trouver.

Ce quatrième terme (110) est 172. Il faudrait donc, pour avoir 31 f. 39, vendre 172 oranges.

La seule difficulté consistant dans la manière de poser, d'après l'énoncé, les quantités en proportion, nous ne ferons point les détails des multiplications et des divisions qu'on doit savoir faire, et nous nous bornerons, pour servir de vérifications, à donner les résultats.

VINGT-DEUXIÈME QUESTION.

Un particulier achète pour 186 f. 50 d'étoffe ; mais, ne pouvant payer que dans 15 mois, il convient, avec le marchand, d'augmenter cette somme de 8 $\frac{1}{2}$ pour cent.

On demande *quel est le montant du billet qu'il doit souscrire.*

Puisqu'il consent d'augmenter sa dette de 8 $\frac{1}{2}$ pour $\frac{0}{0}$, il paiera 108 $\frac{1}{2}$ autant de fois qu'il y a 100 f. dans 186,50.

La quantité cherchée est donc le quatrième terme de cette proportion.

$$100 : 186,50 : : 108 \frac{1}{2} :$$

Ce quatrième terme (110) est 202 f. 35 $+\frac{1}{4}$.

On aurait pu résoudre cette question, en

observant que 186,50 est la même chose que
1 cent, 865 millièmes de cent, et en multipliant cette quantité par 8 $\frac{1}{4}$, le produit aurait
été ce dont la quantité 186 f. 50 doit être aug-
mentée.

La règle du mille se définit et se fait de la
même manière ; ainsi nous nous dispenserons
d'en parler.

~~~~~~

DE LA RÈGLE D'INTÉRÊT.

126. *L'intérêt* est le bénéfice qu'on retire
d'une somme d'argent prêtée ou dont on a été
privé, à raison de tant pour cent par an.

127. On appelle *denier* le nombre qui exprime combien de fois le tant pour cent est
contenu dans 100.

Ainsi, prêter à 5 pour $\frac{0}{0}$ ou au denier 20 est
la même chose en effet.

128. Prêter au denier 20, c'est par chaque
20 f. 00 tirer 1 franc de bénéfice.

129. Prêter à 5 pour $\frac{0}{0}$, c'est par chaque
100. f. tirer 5 f. 00 de bénéfice.

VINGT-TROISIÈME QUESTION.

Un particulier, avec un capital de 800 f. oo, *s'est fait une rente de* 32 f. oo; on demande *à quel denier il a placé son argent.*

D'après la définition du denier (127 et 128), il doit contenir l'unité autant de fois que le capital contient la rente. Le denier est donc le quatrième terme de cette proportion : °

$$32 : 800 :: 1 :$$

Divisant 800 par 32, on trouve que le capital est placé au denier 25.

Si l'on veut avoir le tant pour cent, il faut (127) diviser 100 par le denier. Dans le cas que nous considérons, on trouve que le capital est placé à 4 pour $\frac{0}{0}$.

VINGT-QUATRIÈME QUESTION.

Un particulier voudrait se faire une rente annuelle de 43 f. 75, *quel capital doit-il, pour cela, placer à* 5 p. $\frac{0}{0}$?

D'après ce qui est dit (129), le capital doit contenir 43, 75, autant de fois que 100 contient de fois 5. Il est donc le quatrième terme de cette proportion :

$$5 : 100 :: 43,75 :$$

Divisant le produit des moyens 43,75 par 5, on trouve qu'il faut placer 875 f. 00.

VINGT-CINQUIÈME QUESTION.

Un officier, prêt à s'embarquer, a placé au denier 24 un capital de 25000 f. 00, il n'est revenu qu'au bout de 7 ans. Combien doit-il recevoir pour les rentes échues ?

Le denier marquant qu'il lui est dû chaque année $\frac{1}{24}$ du capital, il devra, pour les 7 années de son absence, recevoir $\frac{7}{24}$ de ce capital. Ce qui lui revient est donc le quatrième terme de cette proportion.

$$24 : 7 : : 25000 :$$

Faisant le calcul, on trouve qu'il doit recevoir 7125 f. 00 (110).

VINGT-SIXIÈME QUESTION.

On a reçu 5022 f. 75 d'intérêts d'un capital de 11880 f. 00, placé au denier 20 pendant 8 ans et 6 mois.

On demande à quel denier il faudrait placer 8910 f. 00, pour recevoir la même somme pendant le même temps.

Je remarque d'abord que 8 ans et 6 mois, et 5022,75 d'intérêts sont (116) des données

superflues, et qu'il suffit de chercher *à quel
denier il faudrait placer* 8910; *pour qu'il pro-
duise autant que* 11880 *placé au denier* 20.

Or, plus la somme est petite, plus le tant
pour cent doit être grand , et conséquemment
(127), plus le denier doit être petit; on peut
donc dire que, pour que les produits soient
les mêmes, il faut que les deniers soient proportionnels aux sommes. On aura donc le denier cherché en calculant le quatrième terme
de cette proportion :

$$11880 : 8910 : : 20 :$$

Ce quatrième terme (110) marque que,
pour satisfaire à la question, il faudrait placer au denier 15.

DE LA RÈGLE D'ESCOMPTE.

130. *L'escompte* est une remise que l'on fait
sur une dette, un billet, etc, pour en être
payé avant l'échéance du terme.

131. L'escompte est, comme on voit, le
contraire de l'intérêt.

Il suit de là que, de même que pour calculer l'intérêt d'une somme, à 5 p. $\frac{0}{0}$, on dit si 100 deviennent 105, combien telle somme deviendra-t-elle? On devrait, pour escompter à 5 p. $\frac{0}{0}$, dire : si 105 se réduisent à 100, à combien telle somme se réduira-t-elle ?

132. Cependant on a coutume de dire : si 100 se réduisent à 95, à combien, etc.

Cette méthode, comme l'on voit, n'est point selon l'exacte justice, cependant, comme elle est consacrée en France par l'usage, nous nous y conformerons dans les exemples que nous allons donner.

133. L'escompte est proportionné à la somme et au temps dont on anticipe le paiement; on le calcule comme l'intérêt à tant pour $\frac{0}{0}$ par an, ou par mois.

VINGT-SEPTIÈME QUESTION.

Un particulier, souscripteur d'un billet de 1040 f., qui a encore un an à courir, offre de le payer comptant si l'on veut lui accorder un rabais ou escompte de 4 p. $\frac{0}{0}$; on accueille sa demande; combien doit-il payer pour retirer son billet ?

100 f. en raison de l'escompte se réduisant à 96 (132), ce que le particulier doit payer

doit contenir 96 autant de fois que 1040 contient 100 ; il est donc le quatrième terme de
cette proportion :

$$100 : 1040 : : 96 :$$

Multipliant les deux derniers termes, et
divisant par le premier (110), on trouve pour
résultat 998 f. 40.

VINGT-HUITIÈME QUESTION.

*Un marchand vend pour 860 f. 00 de mar-
chandises à 14 mois de crédit, et promet $\frac{1}{2}$ p. $\frac{0}{0}$
d'escompte par mois, si on le paie avant
l'échéance ; on le paie 4 mois après l'achat,
combien doit-il recevoir ?*

On ne devait payer qu'au bout de 14 mois,
on paie au bout de 4 mois, on devance donc
le paiement de 10 mois, pour lesquels il faut
escompter à raison de $\frac{1}{2}$ pour cent par mois.

Puisqu'on doit $\frac{1}{2}$ pour cent par mois, on
doit 10 fois $\frac{1}{2}$ ou 5 p. $\frac{0}{0}$ pour 10 mois.

Chaque centaine de francs sera donc, en vertu
de l'escompte, réduite à 95, et on aura cette
proportion :

$$100 : 860 : : 95 :$$

Multipliant 860 par 95, et divisant le pro-

duit par 100 f., on trouve 817 f. 00 pour ce
que le marchand doit recevoir.

*Un officier s'est fait habiller pour la somme
de 960 f. 00 à 2 ans de crédit, et à condition de
4 pour ⁰∕₀ d'escompte par an, s'il paie avant ce
temps. Ayant reçu de l'argent beaucoup plus tôt
qu'il ne pensait, il a payé son tailleur, et n'a
déboursé que 937 f. 60.*

On demande *à quelle époque il a fait le*
paiement.

Il est clair que, si je connaissais le tant
p. ⁰∕₀ en vertu duquel on a escompté, et si je
divisais par 4 tant p. ⁰∕₀ relatif à une année,
le quotient marquerait le temps dont on a
anticipé le paiement.

Pour avoir ce tant p. ⁰∕₀, je me fais mentalement cette question : *si* 960, *en vertu de*
l'escompte, sont réduits à 937,60, *à combien*
100 *est-il réduit ?*

Or, il est clair que la somme demandée est
contenue dans 937,60 autant de fois que 100
est contenu dans 960; on a donc cette proportion :

$$960 : 100 :: 937,60 :$$

Multipliant 937,60 par 100, et divisant le produit par 960, on trouve qu'en vertu de l'escompte, 100 f. ont été réduits à 97 f. $+\frac{2}{3}$.

Le tant pour cent est donc $2+\frac{2}{3}$ ou $\frac{7}{3}$.

Divisant maintenant $\frac{2}{3}$ par 4, tant pour $\frac{0}{0}$ relatif à une année, il me vient au quotient $\frac{7}{12}$.

Le paiement a donc été anticipé de $\frac{7}{12}$ d'année, ou de 7 mois, on a donc payé 1 an et 5 mois après l'achat.

TRENTIÈME QUESTION.

Un négociant a acheté 6 pièces de draps à 16 mois de crédit, et à condition de 4 p. $\frac{0}{0}$ d'escompte par an, s'il paie avant le terme. Il paie au bout de deux mois, et ne débourse que 6540.

On demande *combien il aurait payé s'il n'avait pas devancé le terme de l'échéance.*

On voit d'abord que la quantité 6 pièces est superflue.

Maintenant, je dis : puisqu'il a payé au bout de deux mois, il a anticipé le paiement de 14 mois ou de $\frac{14}{12}$ d'année. Multipliant $\frac{14}{12}$ par 4 tant p. $\frac{0}{0}$ relatif à une année, il me vient $\frac{14}{3}$ ou $4+\frac{2}{3}$ pour le tant p. $\frac{0}{0}$, total en vertu duquel on a escompté. Chaque 100, en vertu de l'escompte, a donc été réduit à $95 + \frac{1}{3}$.

Or, $95 + \frac{1}{3}$ est évidemment contenu dans 6540 autant de fois que 100 est contenu dans la somme demandée. On a donc cette proportion :

$$95 + \frac{1}{3} : 6540 :: 100 :$$

Calculant le quatrième terme (110), on trouve qu'il aurait fallu débourser 6860 f. 14, un peu moins.

DE LA RÈGLE DU CHANGE.

134. Le *change* est le prix qu'un banquier prend pour faire remettre ou recevoir de l'argent d'une ville dans une autre.

135. Le change se calcule comme l'intérêt, à tant p. $\frac{0}{0}$.

136. Il varie suivant l'abondance du papier ou des lettres de change.

On appelle ainsi un ordre que donne un banquier à son correspondant, de payer à celui qui en sera le porteur l'argent qu'on lui compte au lieu de sa demeure.

TRENTE-UNIÈME QUESTION.

Un particulier a besoin de faire recevoir à

Marseille 1740 f. 00 ; *il s'adresse pour cela à un banquier qui lui demande* 1 $\frac{1}{2}$ p. $\frac{0}{0}$ *de change.*

Combien doit-il compter audit banquier ?

Ce qu'il doit compter doit contenir 101 $\frac{1}{2}$ autant de fois que 1740 contient 100.

On a donc cette proportion : ,

$$100 : 1740 : : 101 \frac{1}{2} :$$

Donc le quatrième terme 1766 f. 10 est la somme demandée.

Prenant la différence de cette somme à 1740, on trouve qu'il y a 26 f. 10 pour le change.

TRENTE-DEUXIÈME QUESTION.

Un négociant de Paris a 8000 f. 00, *qu'il voudrait faire venir de Saint-Domingue. Un marin qui se dispose à passer dans cette île, lui demande une lettre de change pour y recevoir cette somme, à condition qu'on lui accordera* 3 p. $\frac{0}{0}$ *pour les risques qu'il court.*

Combien le marin doit-il compter pour avoir la lettre de change ?

On a cette proportion :

$$100 : 97 : : 8000 :$$

qui donne (110) pour quatrième terme, 7760 f. 00.

TRENTE-TROISIÈME QUESTION.

Un banquier a reçu 40 f. pour le change d'une somme à raison de $\frac{2}{3}$ pour $\frac{o}{o}$. On demande quelle est cette somme.

La somme demandée contient évidemment autant de fois 100 f. que 40 fr. contient de fois $\frac{2}{3}$.

On a donc :

$$\frac{2}{3} : 40 :: 100 :$$

Le quatrième terme (110) est 6000 f. 00.

TRENTE-QUATRIÈME QUESTION.

Un négociant de Paris reçoit une lettre de change de Saint-Pétersbourg, de 1957 roubles.

On demande *de quelle somme il doit créditer son correspondant sur ses livres, qu'il tient en argent de France, sachant d'ailleurs que le rouble vaut 4 f. 07.*

Il doit porter 4 f. 07 autant de fois qu'il y a de roubles dans 1957. On a donc cette proportion :

$$1 : 1957 :: 4,07 :$$

Le quatrième terme (110) est 7964 f. 99.

RÈGLE DE COURTAGE, COMMISSION, etc.

137. On appelle *courtiers, commission-naires, etc.,* ceux qui, moyennant un salaire réglé que l'on appelle *droit de courtage,* ou simplement *courtage,* s'entremêlent entre négocians, pour faciliter la vente ou l'achat des marchandises.

138. Le courtage se règle sur la nature des affaires et les peines du commissionnaire.

Il se compte, comme l'intérêt, à tant p. $\frac{o}{o}$.

TRENTE-CINQUIÈME QUESTION.

Un commissionnaire a acheté pour 6540 f. 00 *de marchandises. S'il a $\frac{1}{3}$ pour $\frac{o}{o}$ de courtage, à combien se montera sa commission ?*

La quantité cherchée doit contenir $\frac{1}{3}$ de franc autant de fois que 6540 contient 100.

On a donc cette proportion :

$$100 : 6540 :: \frac{1}{3} :$$

Le quatrième terme, qui est la quantité cherchée, est 20 f. 80 (110).

TRENTE-SIXIÈME QUESTION.

Un courtier a reçu 28 f. 86 *pour le courtage*

à raison de 2 pour ²⁄₂, d'un certain nombre de
litres d'eau-de-vie, qui ont été payés 1 f. 25 l'un.

On demande *combien de litres il a achetés.*

Si je connaissais le montant total de l'eau-
de-vie achetée, en divisant ce montant par
1 f. 25, prix de chaque litre, j'aurais nécessairement le nombre des litres.

Pour trouver ce montant, j'observe qu'il
doit contenir autant de fois 100 f. oo que
28,86 contient de fois 2 tant pour cent du
courtage.

On a donc cette proportion :

$$2 : 28,86 : : 100 :$$

Quatrième terme qui est le montant demandé.

Multipliant 28,86 par 100, et divisant le
produit par 2, il me vient 1443 f.

Divisant maintenant cette quantité par 1,25,
je trouve que le courtier a acheté 1154 litres
40 centilitres.

~~~~~~

DE LA RÈGLE D'ASSURANCE.

159. L'*assurance,* en terme de commerce,
est un acte par lequel, moyennant une cer-

taine somme que l'on nomme *prime d'assu-rance*, une compagnie, appelée *chambre d'as-surance*, s'engage à répondre des pertes que des négocians pourraient faire sur mer.

140. L'assurance dépend de la valeur des marchandises que l'on assure, et de la proba-bilité des risques et périls auxquels on est exposé.

141. C'est d'après l'observation attentive et souvent répétée du sort des vaisseaux qui, dans les mêmes circonstances, sont partis du port pour aller au lieu que l'on considère, que les membres de la chambre que l'on ap-pelle *assurance* peuvent calculer les chances à leur avantage, et fixer la prime ou le prix de l'assurance.

142. L'assurance se calcule à raison de tant p. $\frac{o}{o}$, et se paie d'avance.

TRENTE-SEPTIÈME QUESTION.

Un négociant du Hâvre fait charger sur un navire, à Barcelonne, pour 85,000 f. 00 de marchandises ; il les fait assurer à raison de 7 $\frac{1}{2}$ p. $\frac{o}{o}$.

On demande *combien il doit rester dans la caisse d'assurance.*

Il doit rester 7 fois $\frac{1}{7}$ autant de fois que 100 f. oo est contenu dans 85000 f. oo. Ce qui doit rester est donc le quatrième terme de cette proportion :

$$100 : 85000 :: 7 \frac{1}{7} :$$

ou (102) $1 : 850 :: 7 \frac{1}{7} :$

D'où l'on tire (110) pour quatrième terme 6375 f. oo.

TRENTE-HUITIÈME QUESTION.

Un assureur a reçu 840 f. oo pour prime d'assurance à raison de 5 $\frac{2}{7}$ pour $\frac{o}{o}$.

On demande *quel est le capital qu'il a assuré.*

Le capital qu'il a assuré contient autant de fois 100 f. oo que 840 f. oo contient de fois 5 f. $\frac{2}{7}$. Il est donc le quatrième terme de cette proportion :

$$5 \frac{2}{7} : 840 :: 100 :$$

Le quatrième terme (110) est 14823 f. $\frac{9}{17}$.

DE LA RÈGLE DE GROSSE AVENTURE.

143. **Mettre à la grosse aventure**, signifie placer une somme d'argent, ou des marchandises, sur un vaisseau marchand, au risque de les perdre si le vaisseau périt.

Ces chances , auxquelles on reste exposé , font qu'on ne place jamais de cette manière qu'à de gros intérêts.

144. La grosse aventure dépend, comme l'assurance, des probabilités dont il est parlé (140 et 141) ; elle se calcule, comme elle, à tant pour $\frac{0}{0}$.

TRENTE-NEUVIÈME QUESTION.

Un particulier a placé à grosse aventure et sur le pied de 22 $\frac{1}{2}$ pour $\frac{0}{0}$, une valeur de 85000 f. 00.

On demande *combien il doit recevoir de profit si le vaisseau sur lequel sont ses fonds arrive à bon port.*

Il est clair qu'il doit recevoir 22 f. $\frac{1}{2}$, autant de fois qu'il y a 100 f. dans 85000 f.

On a donc cette proportion :

$$100 : 85000 : : 22 \tfrac{1}{2} :$$

$$\text{ou} \ (102) \ 1 : 850 : : 22 \tfrac{1}{2} :$$

dont le quatrième terme (110) est 19125 f. 00.

QUARANTIÈME QUESTION.

Au retour d'un vaisseau, un négociant a reçu, pour bénéfice de grosse aventure, une somme de 8070 f. 00.

On demande *pour combien il avait de marchandises dans le vaisseau lors de son départ,
sachant d'ailleurs qu'il avait placé à* 21 ¼ p. ⁰⁄₀.

La somme cherchée doit évidemment contenir 100 f. 00, autant de fois que 8070 f. 00
contient 21 ¼ p. ⁰⁄₀; elle est donc le quatrième
terme de cette proportion :

$$21 \tfrac{1}{4} : 8070 : : 100.$$

Multipliant 8070 par 100 et divisant par
21 ¼, on trouve pour résultat 37976 f. $\frac{8}{17}$.

~~~~~~

DE LA RÈGLE DE TROC.

145. *Troquer*, c'est échanger une chose
contre une autre.

QUARANTE-UNIÈME QUESTION.

*Un marchand a de la toile qu'il vend comp-
tant* 3 f. 50 c., *il voudrait l'échanger cont.re
du velours qui se vend comptant* 8 f. 00; *mais
le marchand de velours voulant en troc avoir
la toile à* 3 f. 10, *combien à proportion doit-il
estimer son velours en troc?*

Il est clair que le prix cherché doit contenir
3 f. 10 autant de fois que 8 f. 00 contient 3 f.
50. On le trouvera donc en calculant (110) le

quatrième terme de cette proportion : 3,50 :
8,80 : : 5,10 :

Ce quatrième terme est 7 $\frac{3}{31}$, ou, réduisant
en décimales, 7 f. 08, un peu plus.

QUARANTE-DEUXIÈME QUESTION.

Un épicier a du sucre qu'il vend comptant
8 f. 55 c. le kilogramme; en troc il veut en
avoir 9 f. 00 dont $\frac{1}{5}$ en argent comptant. Un
autre a du café qu'il vend comptant 4 f. 50.

Combien celui-ci doit-il apprécier son café
en troc à proportion de ce que le premier es-
time son sucre?

Je prends d'abord le cinquième de 9 f. 00,
et il me vient 1 f. 80 pour ce que le second
marchand doit donner comptant par chaque
kilogramme de sucre.

Maintenant, puisque le premier marchand
vend le kil. de sucre 8 f. 55 c. comptant, en
retranchant de cette somme 1 f. 80, que nous
venons de trouver, on voit que le kil. de
sucre ne doit plus être censé valoir comptant
que 6 f. 75 c.

De même, retranchant 1,80 de 9,00, le
kilogramme ne doit plus être censé estimé en
troc que 7,20.

Il ne reste donc plus, pour résoudre la question, qu'à chercher ce que deviennent 4 f. 50 lorsque 6 f. 75 deviennent 7 f. 50

Or, cette quantité est évidemment le quatrième terme de cette proportion :

$$6, 75 : 4, 50 :: 7, 20 :$$

Ce quatrième terme (110) est 4, 80.

~~~~~~

DE LA RÈGLE D'AVARIE.

146. L'*avarie*, en termes de marine, est le dommage arrivé à un vaisseau ou aux marchandises dont il est chargé depuis le départ jusqu'au retour.

Il se dit aussi d'un droit que paie pour l'entretien d'un port chaque vaisseau qui y mouille.

QUARANTE-TROISIÈME QUESTION.

Un navire dont la cargaison était estimée 800000 f. 00, a éprouvé, pendant un voyage, pour 70000 f. 00 d'avaries. Un négociant intéressé dans cette cargaison pour 60000 f., qu'il avait fait assurer, s'est engagé à rendre aux assureurs 17 centimes pour franc des avaries. On demande pour combien le négociant doit contribuer aux avaries.

Je cherche d'abord quelles sont les avaries que l'on doit supporter en raison de la somme de 60000 f. 00 pour laquelle le négociant était intéressé.

Ces avaries sont contenues dans 70000 f. 00, autant de fois que 60000,00 sont contenus dans 800000,00.

Elles sont donc le quatrième terme de cette proportion :

$$800000 : 60000 : : 70000 :$$

ou (102 et 114) de celle-ci :

$$1 : 5 : : 1750 :$$

Ce quatrième terme est 5250.

Maintenant, le négociant s'est engagé à rendre 0 f. 17 pour franc de cette somme ; la part pour laquelle il doit contribuer est donc le quatrième terme de cette proportion :

$$1 : 0,17 : : 5250.$$

Ce quatrième terme est 892 f. 50.

~~~~~~

DE LA RÈGLE DE VOITURE.

147. *Voiture*, *port*, signifient ce qu'on doit payer pour le transport des marchandises d'un lieu dans un autre.

Il se calcule à tant du cent, à raison de la

distance, de la difficulté des chemins et des périls que l'on coure.

QUARANTE-QUATRIÈME QUESTION.

Un négociant reçoit 6 caisses pesant chacune 155 k. 00; combien doit-il payer pour voiture, à raison de 14 f. p. ⸗ pesant ?

Chaque caisse pesant 155 k., les caisses pèsent en somme 930 k.

Maintenant, ce qu'il doit payer contient 14 f. autant de fois que 930 contient 100; on le trouvera donc par cette proportion :

$$100 : 930 : : 14 :$$

Le quatrième terme (110) est 130 f. 20.

DE LA RÈGLE DES GAINS ET PERTES.

148. Cette règle a pour objet de faire connaître au négociant ce qu'il gagne ou ce qu'il perd p. ⸗ sur ses marchandises.

QUARANTE-CINQUIÈME QUESTION.

Un négociant a payé une partie de marchandises 845 f. 75, il l'a revendue quelque temps après 899 f. 70. Combien a-t-il gagné p. ⸗?

Je retranche 845 f. 75 de 899 f. 70, et je trouve que le gain total est de 53 f. 95.

Maintenant il est clair que le gain p. $\frac{2}{0}$ est contenu autant de fois dans 53,95, que 100 est contenu de fois dans 845,75, il est donc le quatrième terme de cette proportion :

$$845,75 : 100 :: 53,95 :$$

Ce quatrième terme (110) est $6 + \frac{1182}{3383}$ ou réduisant en décimales 6 f. 37, un peu plus.

QUARANTE-SIXIÈME QUESTION.

845 m. 20 *d'étoffe ont coûté* 2028 f. 48.

Combien *faut-il vendre le mètre si l'on veut gagner* $4\frac{1}{7}$ p. $\frac{0}{0}$?

Je divise d'abord 2028,48 par 845,20 et je trouve que le mètre à coûté 2 f. 40.

Pour savoir maintenant ce qu'on doit le vendre pour satisfaire aux conditions de la question, j'observe que, puisque 100 f. doivent devenir $104\frac{1}{7}$, le prix cherché doit être contenu dans $104\frac{1}{7}$ autant de fois que 2 f. 40 que je viens de trouver sont contenus dans 100 f. 00.

J'ai donc cette proportion :

$$100 : 2,40 :: 104\frac{1}{7} :$$

un quatrième terme qui est la réponse à la question.

Ce quatrième terme (110) est 2 f. 508.

DE LA RÈGLE DE TARE.

149. On appelle *tare*, le poids des barils, pots, caisses, emballages, etc., qui contiennent les marchandises, et *net*, les marchandises mêmes, déduction faite de la tare.

150. Le net et la tare réunis composent ce qu'on appelle *brut*.

151. On appelle encore *tare*, certaine diminution qu'on fait sur les marchandises qui ont été avariées et qui n'ont plus leur première qualité.

152. La tare se calcule à tant par barriques, par balles, etc., ou à tant du cent.

153. Lorsqu'elle se calcule à tant du cent, tantôt elle se prend en dedans du cent et tantôt en dehors du cent. Dans le premier cas, le cent est le brut, et dans le second il est le net.

En général, c'est toujours l'énoncé du marché qui fixe la manière de la calculer.

QUARANTE-SEPTIÈME QUESTION.

Un négociant a acheté 6 pièces d'huile dont le poids brut est de 1350 k. 00 ;

On demande *combien il doit payer net, sachant* *d'ailleurs que la tare est de* 14 k. 50 *par cent* (1).

Puisque la tare se compte par cent, la quantité 6 pièces est une donnée superflue, et il est clair que le net cherché doit contenir 100 diminué de 14,50, ou 85,50 autant de fois que 1350 contient 100. On le trouvera donc en calculant le quatrième terme de cette proportion : 100 : 1350 : : 85,50 :

Ce quatrième terme est 1154 k. 25.

Si l'énoncé portait que la tare est de 14,50 sur cent, on trouverait le net au moyen de cette proportion : 114,50 : 1350 : : 100 :

On aurait alors $1179 + \frac{9}{229}$.

Ce résultat, déterminé par le changement d'un seul mot dans l'énoncé, fait voir combien on doit apporter de soin dans la rédaction des marchés.

QUARANTE-HUITIÈME QUESTION.

Un négociant a acheté 6 *tonnes de café pesant ensemble* 3550 k. 00 *brut.*

La tare est de 15 k. 00 *par tonne : mais il se*

---

(1) *Tant par cent* signifie que la tare est prise dans le cent ; *tant sur cent* indique qu'elle est comptée hors du cent.

trouve par suite d'avaries, que, par chaque cent
de kilogrammes, il y en a 18 qui sont tels que
cinq n'en valent que 3 de bons.

On demande *combien l'on doit débourser*,
sachant d'ailleurs que le prix du kilogramme de
café non avarié est de 5 f. 50.

La tare étant de 15 k. 00 par tonne, je
multiplie 15 par 6, nombre des tonnes, et
j'ai pour tare totale 90 k. qui, retranchés de
3550, me donnent pour net 3460 k. 00.

Maintenant, puisque 5 k. de café avarié
n'en valent que 3 de bons, les 18 qui se trou-
vent dans chaque cent n'en valent qu'une
quantité qu'on trouvera par cette proportion :

$$5 : 3 :: 18 :$$

Cette quantité (110) est 10,80.

Retranchant cette quantité de 18,00, on
trouve que chaque 100 du net doit être diminué pour cause d'avaries de 7 k. 20, ce qui
le réduit à 92,80.

Pour savoir ce à quoi se réduit le net que
nous avons précédemment trouvé, je fais cette
proportion :

$$100 : 3460 :: 92,80 :$$

et je trouve que le brut 3550 k., déduction
faite des tares pour tonne et pour cause d'a-
varies, se réduit à 3210 k. 88.

Multipliant cette quantité par 5 f. 5o, prix du kilogramme, on trouve que le négociant doit payer 17659 f. 84.

~~~~~~

DE LA RÈGLE DU TEMPS.

154. Les marchands, achètent souvent à crédit, et prennent, en raison des sommes qu'ils espèrent recevoir plus tard, différens temps pour effectuer leurs paiemens.

155. Un grand nombre de circonstances pouvant faire varier la rentrée de leurs fonds, quelques-uns, dans leurs marchés, se réservent la faculté d'avancer certains paiemens et d'en reculer d'autres, de telle sorte qu'il y ait compensation, et que le créancier ni le débiteur ne perdent rien.

156. *La règle du temps* a pour objet de fixer les nouvelles époques, eu égard à la grandeur des paiemens.

157. Elle est fondée sur ce principe : *que toutes choses égales d'ailleurs, l'argent profite entre les mains de celui qui le possède, proportionnellement à la quantité et au temps qu'il l'a en sa disposition ;* c'est-à-dire, par exemple,

que le bénéfice qu'on ferait avec 100 f. 00
pendant quatre mois est le même que celui
qu'on ferait avec 400 f. 00 pendant un seul
mois.

QUARANTE-NEUVIÈME QUESTION.

Un négociant qui a acheté pour 10548 *f.* 00
de marchandises, s'est engagé à payer ¼ *dans*
5 *mois,* ⅓ *dans un an,* ⅙ *dans* 14 *mois, et le*
reste dans 2 *ans.*

Des circonstances particulières ayant changé
la face de ses affaires, il convient avec son
créancier de ne lui faire qu'un seul paiement.

On demande *à quelle époque il devra l'effec-*
tuer pour qu'il y ait compensation.

Prenant successivement le quart, le tiers et
le sixième de 10548,00, je trouve que les trois
premiers paiemens

$$
\text{devaient être} \ldots\ldots\ldots\ldots
\left\{
\begin{array}{l}
2637 \text{ f. } 00 \\
3516 \text{ f. } 00 \\
1758 \text{ f. } 00
\end{array}
\right.
$$

retranchant leur somme....   7911 f. 00
de. ....   10548 f. 00

j'ai pour le dernier paiement.   2637 f. 00.

Maintenant, 2637 f. 00, pendant 5 mois,
profitent à celui qui les a autant que le fe-

raient 5 fois 2637 f. oo ou 13185 f. oo pendant
un mois.

De même 3516 f. oo pendant un an ou 12
mois, profitent autant que 12 fois 3516 f. oo
ou 42192 f. pendant un mois.

1748 f. oo, pendant 14 mois, équivalent à
24472 f. oo pendant un mois.

Enfin, 2637 f. oo pendant 2 ans ou 24
mois, sont la même chose que 63288 pendant
un mois.

$$
\text{Ajoutant}\dots\dots\dots\dots
\left\{
\begin{array}{l}
13185 \\
42192 \\
24472 \\
63288
\end{array}
\right.
$$

j'ai.................. 143137 f. oo pour
la somme qui, pendant un mois, profiterait
autant que 10548 f. oo, conservés par portion jusqu'aux époques indiquées pour les
paiemens.

Or, puisqu'au lieu de paiemens partiels, je
ne veux faire qu'un paiement total, égal à
10548,oo, il est clair que je dois, pour qu'il
y ait compensation, attendre pour l'effectuer
autant de mois qu'il y a de fois 10548 dans
143137.

Faisant la division, je trouve 13 mois

$+\frac{6013}{10548}$, ou multipliant 6013 par 30 pour convertir ce reste en jours, 13 mois, 17 jours, un peu plus.

Un tailleur a acheté pour 2000 f. 00 de draps à 8 mois de crédit. Il est convenu avec son créancier que, s'il lui rentre des fonds plus tôt qu'il ne l'espère, celui-ci recevra les avances qu'il lui fera ; mais qu'il gardera le restant à proportion des avances qu'il aura faites.

Le tailleur a payé 700 f. 00 au bout de 3 mois, et 800 f. 00 2 mois après la première avance.

On demande *quand il doit payer le reste pour compenser les avances qu'il a faites.*

Le tailleur devait profiter de 2000 f. 00 pendant 8 mois, ou, ce qui est la même chose, de 8 fois 2000 f. 00, ou 16000 f. 00 pendant un mois.

Il a payé 700 au bout de 3 mois, c'est-à-dire 5 mois plus tôt qu'il n'était obligé à le faire, il s'est donc privé du profit qu'il aurait fait avec 700 f. 00 pendant 5 mois, ou avec 3500 pendant un mois.

D'une autre part, il a payé 800 f. 00 2 mois après la première avance, c'est-à-dire 3 mois plutôt qu'il ne devait faire ; il a donc perdu encore le bénéfice qu'il aurait tiré de 3 fois 800 f. 00, ou de 2400 f. 00 pendant un mois.

Au moyen des avances, et s'il payait le reste au bout de 8 mois, le tailleur perdrait donc le profit que peuvent donner 5900 f. 00 pendant un mois.

Pour lui en tenir compte, je retranche d'abord de 2000 f. 00 le total des sommes avancées, et je trouve que 500 f. seulement restent à payer.

Ensuite je dis : il faut qu'en sus des huit mois, le tailleur garde ces 500 f. un temps tel qu'il en résulte autant de profit pour lui, que s'il avait 5900 f. 00 pendant un mois.

Or, il est clair que ce temps sera composé d'autant de mois qu'il y a de fois 500 f. 00 dans 5900 f. 00.

Faisant la division, on trouve 11 mois $\frac{4}{5}$, ou 11 mois 24 jours. Le tailleur doit donc payer les 500 f. 00 11 mois 24 jours après le temps prescrit, ou 19 mois 24 jours après l'achat.

CINQUANTE-UNIÈME QUESTION.

Un particulier devait 4000 f. 00 *payables dans* 8 *mois* ¼, 5000 f. 00 *payables dans* 15 *mois, et* 9000 f. 00 *payables dans deux ans.*

Des fonds sur lesquels il n'avait osé compter lui étant rentrés, il a obtenu de son créancier 5 p. ⁰⁄₀ *d'escompte par an, et l'a satisfait en un seul paiement, pour lequel il n'a déboursé que* 16950 f. 00.

On demande à quelle époque il a fait ce paiement.

J'ajoute les sommes partielles, et je vois que le particulier devait en tout 18000 f. 00.

Je cherche à quelle époque il aurait dû payer ces 18000 f. 00, s'il n'avait voulu faire qu'un seul paiement.

Pour cela, je dis :

4000 f. 00 pendant 8 mois ¼ profitent autant que 33000 pendant un mois, ci..... 33000
5000 f. 00 pendant 15 mois....... 75000
9000 f. 00 pendant 2 ans 216000

Total.............. 324000

Divisant cette somme par 18000, je trouve que, s'il n'avait voulu faire qu'un seul paie-

ment sans escompte, il ne l'aurait dû faire
qu'au bout de 18 mois.

Maintenant je retranche 16950 f. de 18000,
et je vois qu'en vertu de l'escompte obtenu,
la somme due est diminuée de 1050 f. 00.

Pour savoir à combien de mois cet escompte
répond, je cherche d'abord quel est l'escompte
de 18000 f. 00 pour un an, à raison de 5 p. $\frac{0}{0}$;
je trouve qu'il est de 900 f. 00.

Je dis ensuite : si 900 f. 00 sont l'escompte
de 12 mois, de combien de mois 1050 f. 00
sont-ils l'escompte ?

Je trouve que 1050 f. 00 sont l'escompte de
18000 pour 14 mois, à raison de 5 p. $\frac{0}{0}$ par an.

Le particulier a donc anticipé le paiement
unique de 14 mois ; or, nous avons vu plus
haut que, s'il n'avait pas escompté, il aurait dû
faire ce paiement unique au bout de 18 mois.

Il a donc soldé son créancier 4 mois après
avoir contracté la dette.

DE LA RÈGLE DE TROIS INVERSE SIMPLE.

CINQUANTE-DEUXIÈME QUESTION.

20 *hommes ont fait un certain ouvrage*
en 25 jours. Combien aurait-il fallu employer

*d'hommes pour faire le même ouvrage en 10
jours ?*

On voit qu'il aurait fallu employer d'autant
plus d'hommes que le nombre de jours pendant lequel ils auraient travaillé est moindre;
ainsi, le nombre d'hommes cherché doit contenir le nombre 20 hommes autant de fois que
25 jours contiennent 10 jours.

Il est donc le quatrième terme de cette
proportion :

$$10 : 25 :: 20 :$$

Ce quatrième terme (110) est 50 hommes.

CINQUANTE-TROISIÈME QUESTION.

*Un boulanger peut donner un kilogramme de
pain pour o f. 35, lorsque le blé vaut 45 f. oo
l'hectolitre.*

*Combien peut-il donner de pain pour le même
prix, lorsque l'hectolitre de blé ne vaut que
40 f. oo ?*

Il doit donner d'autant plus de pain pour
la somme de 0,35 (qui est ici, comme on
voit, une donnée superflue), que le prix de
l'hectolitre de blé est moins considérable.

La quantité cherchée doit donc contenir 1
14

kilogramme autant de fois que 45 f. oo contient 40 f. oo.

On la trouvera donc en calculant le quatrième terme de cette proportion :

$$40 : 45 :: 1 :$$

(110) Ce quatrième terme est 1 k. $\frac{1}{8}$; ou, réduisant en décimales, 1 k. 125 gr.

CINQUANTE-QUATRIÈME QUESTION.

Un capitaine de vaisseau n'a plus, au 7 juillet, que pour 25 jours de biscuit.

Des circonstances relatives à l'objet principal de sa mission l'obligeant à tenir la mer jusqu'au 8 août, il demande à combien il doit réduire la ration de chaque homme de son équipage, laquelle ration a été jusque-là d'un kilogramme par chaque homme.

Du 7 juillet au 8 août, il y a 32 jours à franchir.

Il devra donner à chacun d'autant moins de biscuit que ce nombre 32 est plus grand que 25.

On trouvera donc la quantité au moyen de cette proportion :

$$32 : 25 :: 1 :$$

(110) Ce quatrième terme est 78 décagrammes, un peu plus.

CINQUANTE-CINQUIÈME QUESTION.

*1200 hommes, enfermés dans un fort assiégé,
ont consommé le tiers de leurs vivres en 20 jours.
L'officier qui les commande, craignant de rester
long-temps bloqué, trouve le moyen de faire
sortir secrètement 400 hommes dont il peut facilement se passer pour la défense du fort.*

On demande *(la ration demeurant la même)*
*pendant combien de temps le reste de la garnison
pourra subsister.*

La garnison de 1200 hommes n'aurait pu
vivre que 40 jours, puisqu'elle a mangé le
tiers des vivres en 20 jours.

Les 800 hommes restans subsisteront d'autant plus long-temps qu'ils sont moins nombreux. On aura donc cette proportion :

$$800 : 1200 : : 40 :$$

ou 8 : 12 : : 40, dont (110) le quatrième
terme est 60.

La garnison restante pourra donc résister
pendant 60 jours.

~~~~~~

DE LA RÈGLE DE RÉDUCTION POUR LES POIDS, MESURES, etc.

158. Cette opération a pour objet de réduire les poids, mesures et monnaies d'un pays en celles d'un autre pays (bien entendu qu'on connaît les rapports qui existent entre elles).

CINQUANTE-SIXIÈME QUESTION.

Un négociant fait venir d'Angleterre 4500 *verges de basin.*

On demande *combien il y a de mètres, sachant d'ailleurs que* 50 *mètres valent* 46 *verges.*

Il est clair qu'il aura autant de fois 50 m. oo qu'il y a de fois 46 verges dans 4500 verges.

La quantité cherchée est donc le quatrième terme de cette proportion :

$$46 : 4500 : : 50 :$$

(110) Ce quatrième terme est 4891 m. 30, un peu plus.

CINQUANTE-SEPTIÈME QUESTION.

Un officier, prisonnier en Angleterre, a emprunté, lors de son échange, 150 *guinées dont il s'est engagé de remettre la valeur à Berlin.*

On demande *combien, pour l'acquitter, il doit remettre de frédérics d'or au correspondant de son créancier.*

La guinée vaut 26 f. 11, et le frédéric d'or 20 f. 76.

Il est clair que l'officier devra donner d'autant plus de frédérics, que leur valeur, comparée à celle de la guinée, est plus petite. La quantité qu'il devra verser sera donc donnée par le quatrième terme de cette proportion :

$$20,76 : 26,11 : : 150 :$$

Ce quatrième terme (110) est 188 $\frac{217}{346}$.

~~~~~~~~~~~~~~~~~~~~~~~~~~~~~~~~~~~~~

DE LA RÈGLE D'ALLIAGE.

159. L'*alliage* est l'union de plusieurs métaux fondus ensemble, ou de plusieurs marchandises purement mélangées.

160. La règle d'alliage a pour objet :

1° Plusieurs choses dont les quantités et les valeurs particulières sont connues, étant mélangées, trouver le prix du mélange.

2° Connaissant le prix particulier de plusieurs choses, déterminer dans quel rapport on doit les allier, pour en faire un mélange d'un prix donné.

CINQUANTE-HUITIÈME QUESTION.

Un marchand a mêlé ensemble 150 litres de vin à o f. 40, 215 à o f. 55, et 135 à o f. 60.

On demande *à combien revient le litre de ce mélange.*

150 lit. à 0,40 valent	60,00
215 *id.* à 0,55 valent	118,25
135 *id.* à 0,60 valent	81,00

Totaux. 500 litres mélangés valent   259,25

Donc, si je divise 259 f. 25 par 500, j'aurai le prix du litre de mélange. Ce prix est o f. 5185.

161. Nous avons divisé la somme des prix par celle des quantités de vin mélangées, parce que, dans le cas dont il s'agit, il n'y a point de diminution de volume par l'effet du mélange ; mais il n'en est pas toujours ainsi.

Si l'on mêle, par exemple, de l'eau et de l'acide sulfurique (huile de vitriol) pour avoir celui-ci moins concentré, le volume du mélange est sensiblement moindre que la somme des volumes de l'eau et de l'acide qu'on a

mêlés. De même, si l'on mélange deux espèces
de graines de grosseurs différentes, telles,
par exemple, que du chenevis et du millet,
une partie du millet se loge dans les inter-
valles que laissent entre eux les grains de
chenevis, et ne contribue point à l'augmen-
tation du volume du mélange. Dans ce cas,
(à moins que les objets que l'on mêle ne se
vendent au poids), il faut mesurer le mélange
lorsqu'il est fait, et diviser la somme des prix
par le nombre d'unités de mesures qu'on aura
trouvées.

CINQUANTE-NEUVIÈME QUESTION.

*Un entrepreneur de bâtimens, pour faire son
mortier, mélange 2 m. oo cubes de sable à 1 f.
25, et 1 m. oo cube de chaux à 18 f. 50 ; il se
trouve qu'après l'incorporation, le mélange est
réduit à 2 m. 40.*

On demande *quel est le prix du mètre cube
de mortier, sachant d'ailleurs que les frais d'incorporation sont de 3 f. oo.*

2 m. oo de sable à 1,25 valent	2 f. 5o
1 m. oo de chaux à 18,5o	18 f. 5o
frais d'incorporation	3 f. oo
valeur de 2 m. 40 de mortier	24 f. oo

Divisant 24 f. par 2 m. 40, on trouve que
le mètre cube de mortier revient à 10 f. 00.

SOIXANTIÈME QUESTION.

*Un boulanger a deux espèces de farines ; l'une
vaut 0,30 le kilogramme, et l'autre 0,39. Il
désire en mélanger 100 kilogrammes, qu'il puisse,
sans perdre ni gagner, vendre 0,34.*

On demande *quelle quantité il doit prendre
de chaque espèce.*

Sur chaque kilogramme de la première
espèce qu'il mélangera, il gagnera 0 f. 04.

Sur chaque kilogramme de la seconde, il
perdra 0 f. 05.

Il faut donc, pour qu'il y ait compensation,
que, par chaque kilogramme de la première,
il ne prenne que $\frac{4}{5}$ de kilogramme de la
seconde, ce qui fera 1 $\frac{4}{5}$ de mélange.

Maintenant, disant : si, sur 1 $\frac{4}{5}$ de mélange,
il y a 1 k. 00 de farine de la première espèce,
combien sur 100 y en aura-t-il ? Cette question
donne évidemment cette proportion :

$$1 \tfrac{4}{5} : 100 :: 1,00 :$$

Dont le quatrième terme (110) est 55 $\frac{5}{9}$.

Retranchant 55 $\frac{5}{9}$ de 100, on trouve qu'on
devra prendre de la seconde espèce 44 $\frac{4}{9}$.

En effet, $55\frac{1}{9}$ à 0.30 valent 16 f. $\frac{4}{9}$

$44\frac{4}{9}$ à 0,39 valent 17 f. $\frac{1}{9}$

Total..... 34 f. 00

qui, divisés par 100, donnent 0,34 pour le prix du kilogramme de mélange.

162. Lorsqu'il y a plus de deux espèces de choses à mélanger, la question que nous venons de résoudre devient susceptible d'une infinité de solutions.

Supposons, par exemple, qu'on ait 3 espèces de farines ; l'une à 0,30, l'autre à 0,45, l'autre à 0,39, et qu'on veuille en mélanger 100 k. 00 au prix de 0,37.

Par chaque kilogramme de la première, on gagne...................... 0,37
par chaque kilogramme de la seconde on perd...................... 0,08
par chaque kilogramme de la troisième, on perd................ 0,02

Il est clair que nous pouvons mélanger les deux dernières espèces d'une infinité de manières, et considérer ce mélange comme une espèce unique sur laquelle on perdra d'autant plus que l'on prendra plus de la seconde et moins de la troisième.

Ce rapport arbitraire une fois fixé , la question rentrera dans celle que nous venons de résoudre.

SOIXANTE-UNIÈME QUESTION.

Un fermier a deux sortes de blé ; il vend le premier 3 f. 5o le décalitre ; il ne dit pas le prix du second, mais seulement que, quand il en vend 5 décalitres du premier, il faut qu'il en vende 6 $\frac{1}{4}$ du second pour recevoir la même somme.

Il a mêlé ces deux espèces de blé de telle sorte, qu'il a 1000 décalitres de mélange dont les $\frac{1}{3}$ sont de la seconde espèce.

On demande *combien il doit vendre le décalitre de mélange pour gagner* 200 f. oo *sur le tout.*

Le prix du décalitre de la seconde espèce , comparé à celui de la première , doit être d'autant plus petit qu'il en faut davantage pour valoir la même somme.

On le trouvera donc en calculant le quatrième terme de cette proportion :

$$6 \frac{1}{4} : 5 :: 3,5o :$$

(110) ce quatrième terme est 2 f. 8o.

Maintenant, dans les 1000 de mélange, il y en a les $\frac{2}{3}$ de la seconde espèce.

Il y a donc $\frac{2000}{3}$ d. à 2 f. 80

et $\frac{1000}{3}$ d. à 3 f. 50

Or, $\frac{2000}{3}$ à 2 f. 80 valent $\frac{5600}{3}$

$\frac{1000}{3}$ à 3 f. 50 valent $\frac{3500}{3}$

Les 1000 d. de mélange valent donc $\frac{9100}{3}$.

Ajoutant à cette somme les 200 f. 00 que le fermier veut gagner, on voit qu'il faut les estimer $\frac{9700}{3}$ ou 3233 f. $\frac{1}{3}$.

Divisant cette somme par 1000, nombre de décalitres de mélange, on trouve que chacun d'eux doit être vendu 3 f. 23, un peu plus.

~~~~~~

DE LA RÈGLE DE TROIS COMPOSÉE.

SOIXANTE-DEUXIÈME QUESTION.

15 ouvriers ont fait en 12 jours 236 mètres d'ouvrage.

Combien 18 ouvriers en feront-ils en travaillant seulement pendant 3 jours ?

Il est évident que le travail fait par 15 ouvriers pendant 12 jours est la même chose que feraient 12 fois 15 ouvriers ou 180 ouvriers qui travailleraient seulement pendant un jour.

De même, le travail fait par 18 ouvriers travaillant ensemble pendant trois jours, est le même que celui que feraient 3 fois 18 ou 54 ouvriers qui ne travailleraient que pendant un jour.

La question proposée est donc ramenée à celle-ci :

180 ouvriers ont fait, pendant un jour, 346 mètres d'ouvrage ; combien 54 ouvriers, pendant le même temps, en feront-ils ?

Or, cette question donne cette proportion :

$$180 : 54 : : 236 :$$

dont le quatrième terme (110) est 70 m. 8.

SOIXANTE-TROISIÈME QUESTION.

Un entrepreneur de bâtimens a payé 1500 f. 00 à deux maîtres maçons qui avaient chacun 14 ouvriers, lesquels lui ont fait un certain ouvrage en 32 jours ½ ; ces ouvriers travaillaient 11 heures par jour.

On demande *combien il doit payer à propor-tion à trois autres maîtres qui ont chacun 18 ouvriers, lesquels travaillent pour lui depuis 50 jours, mais seulement 9 heures par jour.*

Chacun des deux premiers maîtres ayant 14 ouvriers, ces deux maîtres avaient en somme 2 fois 14 ou 28 ouvriers.

Ces 28 ouvriers ayant travaillé ensemble 32 jours $\frac{1}{2}$, ont fait autant d'ouvrage qu'un seul ouvrier en aurait fait pendant 28 fois 32 jours $\frac{1}{2}$, ou pendant 910 jours.

Enfin, puisque la journée était de 11 heures, le travail des 28 ouvriers est le même que celui qu'aurait fait un d'entre eux, s'il eût travaillé 11 fois 910 heures ou 10010 heures.

Les seconds maîtres avaient en somme 3 fois 18, ou 54 ouvriers ; les 54 ouvriers ont travaillé ensemble pendant 50 jours, à neuf heures par jour, ou pendant 450 heures.

Ils ont fait autant d'ouvrage qu'un seul en aurait fait pendant 54 fois 450 heures, ou pendant 24300 heures.

La question est donc ramenée à celle-ci :

Un entrepreneur a payé 1500 f. 00 pour 10010 heures de travail, combien doit-il payer pour 24300 heures ?

Ce qu'il doit payer doit contenir 1500 f. 00 autant de fois que 24300 contient 10010, il est donc le quatrième terme de cette proportion :

15

$$1001o : 24300 : : 1500 :$$

ou (102) de celle-ci :

$$1001 : 2430 : : 1500 :$$

ce quatrième terme (110) est 3641,35 un peu plus.

SOIXANTE-QUATRIÈME QUESTION.

Un général, enfermé dans une place avec 6000 hommes, a de quoi nourrir cette garnison pendant 3 mois, en donnant à chaque soldat 78 décagrammes de pain par jour.

Cette garnison, eu égard au développement de la place, étant insuffisante et le siége dont il est menacé étant présumé devoir durer 3 mois ½, il augmente la garnison de 500 hommes.

On demande à combien il doit fixer la ration de chaque homme.

Pendant 3 mois, 6000 hommes mangent autant que 3 fois 6000 hommes ou 18000 hommes pendant un seul mois.

La garnison doit être portée à 6500 hommes, et ces 6500 hommes doivent être nourris pendant 3 mois ½.

Or, 6500 hommes à nourrir pendant 3 mois ½, sont la même chose que 3 fois ½ 6500 hommes, ou 22750 hommes à nourrir pendant un seul mois.

La question est donc ramenée à celle-ci :

On peut nourrir 18000 hommes en donnant à chacun 78 décagrammes de pain : à combien doit-on réduire cette ration, si l'on veut nourrir 22750 hommes ?

La ration doit être d'autant plus petite que le nombre d'hommes à nourrir est plus considérable. On a donc cette proportion :

$$22750 : 18000 : : 78 :$$

ou (102) 2275 : 1800 : 78 :

dont le quatrième terme (110) est 61 d. 71.

SOIXANTE-CINQUIÈME QUESTION.

Un fabricant avec 6 k. 50 de fil a fait 36 m. 00 de toile de 1 m. 05 de large.

Combien lui faudra-t-il de kilogrammes du même fil pour faire une pièce de toile de 85 m. 00 sur 1 m. 30 de large ?

36 m. 00 de toile de 1,05 de large font 36 fois 1,05, ou 37,80 de superficie de large.

85 m. 00 de 1,30 de largeur font une superficie de 110 m. 50.

La question revient donc à celle-ci :

Pour faire 57 m. 80 *superficiels de toile on a employé* 6 k. 50 *de fil.*

Combien en faudra-t-il pour faire 110,50 *superficiels de toile ?*

Il en faudra autant de fois 6 k. 50 que 37,80 est contenu de fois dans 110,50. La quantité cherchée est donc le quatrième terme de cette proportion :

57,80 : 110,50 : : 6 k. 50 :

ou (102) 378 : 1105 : : 6 k. 50 :

Ce quatrième terme (110) est 19 kilogrammes, un peu plus.

SOIXANTE-SIXIÈME QUESTION.

43 ouvriers , employés dans une manufacture, ont fait 450 *mètres d'étoffe en* 15 *jours, travaillant dix heures par jour.*

On demande *combien il faudrait de jours à* 60 *ouvriers pour en faire la même quantité en supposant qu'ils ne travaillassent que* 9 *heures par jour.*

43 ouvriers, travaillant pendant 10 heures, sont la même chose que 10 fois 43, ou 450 ouvriers travaillant pendant une heure seulement.

60 ouvriers travaillant ensemble pendant

neuf heures font le même ouvrage que 9 fois
60, ou 540 ouvriers travaillant pendant une
heure.

La question est donc ramenée à celle-ci :

*430 ouvriers ont fait en 15 jours 450 mètres
d'étoffe; combien faut-il de jours à 540 ouvriers
pour en faire la même quantité?*

On voit que 430 mètres est ici une donnée
superflue. Maintenant il faudra d'autant moins
de jours pour faire l'ouvrage, que le nombre
d'ouvriers est plus considérable.

Le nombre de jours cherché est donc le
quatrième terme de cette proportion :

$$540 : 450 : : 15 :$$
$$\text{ou (102)} \quad 54 : 45 : : 15 :$$

dont le quatrième terme (110) est 12 j. 50,
ou 12 jours $\frac{1}{2}$, ou (puisque la journée des
seconds ouvriers est de 9 heures de travail)
12 jours 4 heures $\frac{1}{2}$.

SOIXANTE-SEPTIÈME QUESTION.

*Un particulier a acheté pour 4600 f. 00 de
marchandises à six mois de crédit, à condition que,
s'il payait plus tard, il tiendrait compte des
intérêts à raison de 5 p. $\frac{0}{0}$.*

Il vient régler au bout de 14 mois, et le

*marchand indépendamment du principal, lui
demande les intérêts convenus.*

*Le particulier les refuse et s'offre de prêter
au marchand* 3500 f. 00 *à raison de* 4 p. $\frac{0}{0}$ *jusqu'à ce que les intérêts compensent ceux qu'il lui
demande.*

*Combien de temps le marchand doit-il garder
cette somme ?*

L'acheteur, n'ayant payé qu'au bout de 14
mois, doit les intérêts pour 8 mois de 4600 f.
à raison de 5 p. $\frac{0}{0}$.

4600 f. 00 à 5 p. $\frac{0}{0}$ produisent la même
chose que 5 fois 4600 f. 00 ou 23000 f. 00 à
raison de 1 p. $\frac{0}{0}$.

Pour compenser sa dette, l'acheteur prête
3500 f. 00 à raison de 4 p. $\frac{0}{0}$, ou, ce qui est
la même chose, 4 fois 3500 f. 00 ou 14000 f.
00 à 1 p. $\frac{0}{0}$.

Le taux pour cent étant le même, la question est réduite à celle-ici :

L'acheteur a profité pendant 8 *mois de*
22000 f. 00 *; il prête au vendeur* 14000 f. 00.
*Pendant combien de temps celui-ci doit-il les
garder pour que les intérêts soient compensés ?*

Il doit les garder d'autant plus long-temps
que la somme qu'on lui prête, comparée à

celle qu'on lui a retenue, est moins considérable. Le temps cherché est donc le quatrème terme de cette proportion :

$$14000 : 23000 : : 8 :$$
ou (102) $14 : 23 : : 8 :$

(110) Le quatrième terme est 13 mois 4 jours, un peu plus.

SOIXANTE-HUITIÈME QUESTION.

Un officier a reçu 160 f. 00 *pour l'intérêt pendant 4 ans d'un capital de* 1000 f. 00 *qu'il avait placé. Il augmente ce capital de* 2540, *et demande combien il faudra qu'il attende de temps pour toucher* 500 f. 00 *d'intérêt.*

Il est clair, puisque le denier ne varie point, que le temps qu'il faut attendre dépend de la grandeur du nouveau capital et de la grandeur de la somme qu'on veut toucher pour intérêt.

Le nouveau capital est 3540 f. 00. Cherchons d'abord combien d'intérêt il doit rapporter en 4 ans, lorsque 1000 f. 00 rapportent 160 f. 00 pendant ce temps.

Il est clair que l'intérêt cherché doit contenir 160 f. 00 autant de fois que 3640 f. 00 contient 1000,00.

On le trouvera donc en calculant le quatrième terme de cette proportion :

$$1000 : 3540 : : 160 :$$

ou (102) $10 : 354 : : 16 :$

Ce quatrième terme (110) est 566 f. 40.

566 f. 40 constituent donc l'intérêt de 3540 f. au bout de 4 ans. Cherchons maintenant à quel temps correspondent 500 f. 00 considérés comme intérêt de la même somme.

Ce temps doit être contenu dans 4 ans de la même manière que 500 f. 00 sont contenus dans 566 f. 40. On le trouvera donc en calculant le quatrième terme de cette proportion : $566,40 : 500 : : 4 :$

Ce quatrième terme (110) est 3 ans 6 mois 11 jours, plus $\frac{11}{54}$ de jour.

Nous venons de résoudre la question en faisant successivement deux règles de trois directes.

Faisons maintenant ce raisonnement :

Si 160 f. 00 sont l'intérêt de 1000 f. 00 pendant 4 ans, de quelle somme 500 f. sont-ils l'intérêt pendant le même temps ?

On a cette proportion directe :

$$160 : 1000 : : 500 \text{ f. :}$$

dont le quatrième terme (110) est 3125 f. 00

Il faut donc 3125 f. pour avoir, en 4 ans, 500 f. 00 d'intérêt.

Disons maintenant si 3125 f. 00 donnent en 4 ans 500 f. 00 d'intérêt, combien de temps faut-il placer 3540 f. 00 pour recevoir la même somme ?

Il est clair qu'il faut d'autant moins de temps, que la somme à placer est plus considérable. On a donc cette proportion inverse :

$$3540 : 3125 :: 4 :$$

dont le quatrième terme est également 3 ans 6 mois 11 jours, plus $\frac{11}{79}$ de jour.

Faisons maintenant et toujours sur la même question ce troisième raisonnement. Puisque 1000 f. rapportent 160 f. d'intérêt, chaque franc rapporte $\frac{160}{1000}$ de franc.

Puisque 3540 doivent produire 500 f., chaque franc devra rapporter $\frac{500}{3540}$ de franc.

$\frac{160}{1000}$ de franc est l'intérêt d'un franc au bout de 4 ans, et $\frac{500}{3540}$ de franc est également l'intérêt d'un franc, mais au bout d'un temps qu'il s'agit de déterminer.

Or, il est clair que, puisque le denier est le même, que les temps sont proportionnels aux sommes qu'ils produisent, on aura le terme cherché, en calculant le quatrième terme de cette proportion :

$$\frac{110}{1000} : \frac{500}{3540} : : 4 \text{ ans} :$$

Le quatrième terme (110) est 5 ans 6 mois 11 jours $\frac{11}{59}$ de jour.

Ceci rend sensible ce que nous avons déjà dit (122), que c'est toujours dans l'état de la question qu'il faut chercher le moyen de solution, et, tant qu'on raisonne juste, quel que soit celui qu'on prenne, on ne saurait manquer d'arriver à la vérité.

SOIXANTE-NEUVIÈME QUESTION.

Un directeur de pensionnat, qui a 150 écoliers, dépense, en 12 jours, pour nourriture, blanchissage, chauffage, etc., 1820 f. 00.

Si on lui enlève 17 pensionnaires, combien de temps employera-t-il pour dépenser 2000 f. 00 ?

150 écoliers dépensant en somme 1820 francs, la dépense partielle de chacun est $\frac{1820}{150}$ de franc.

Le pensionnat réduit ne contient plus que 133 écoliers.

Or, 133 écoliers devant dépenser en somme

200 f. oo, chacun d'eux dépensera $\frac{2000}{133}$ de franc.

Disons maintenant si $\frac{1820}{150}$ de franc suffisent pour nourrir un écolier pendant 12 jours, pendant combien de temps vivra-t-il avec $\frac{2000}{133}$ de franc ?

Or, le temps cherché est évidemment le quatrième terme de cette proportion :

$$\frac{1820}{150} : \frac{2000}{133} : : 12 :$$

Ce quatrième terme (110) est 14 jours, plus $\frac{10558}{12103}$ de jour.

SOIXANTE-DIXIÈME QUESTION.

Un ouvrier qui travaille 25 jours $\frac{1}{2}$ par mois, et 10 heures par jour, gagne en tout 51 f. oo, et dépense 1 f. 50 par jour pour l'entretien de sa famille.

Combien doit-il employer de mois en travaillant 26 jours par mois, et 11 heures par jour, pour, après avoir pris ce qui lui était nécessaire pour nourrir sa famille, avoir 150 f. oo de reste.

L'ouvrier travaille 10 fois 25 $\frac{1}{2}$ ou 255 heures par mois.

Il gagne en tout 51 f. oo; conséquemment le salaire d'une heure de travail est $\frac{51}{255}$ de fr.

S'il travaille 26 jours à 11 heures, il se trouvera employer par mois 286 heures qui, multipliées par $\frac{51}{255}$ salaire d'une heure, donnent $\frac{14586}{255}$ pour ce qu'il gagnera dans un mois. Pendant un mois, il dépense 30 fois 1 f. 50 ou 45 f. 00.

Donc, si on retranche 45 f. 00 de $\frac{14582}{255}$, on aura ce qui lui restera au bout d'un mois de travail.

Faisant la soustraction, on trouve pour reste $\frac{3111}{255}$.

La question est ramenée à celle-ci :

Un ouvrier, toutes ses dépenses payées, a de reste, au bout d'un mois, $\frac{3111}{255}$ de franc. Combien de mois doit-il travailler pour avoir 150 f. 00 ?

Il doit travailler autant de mois qu'il y a de fois $\frac{3111}{255}$ dans 150. Le nombre cherché est donc le quatrième de cette proportion :

$$\frac{3111}{255} : 150 :: 1 :$$

Ce quatrième terme (116) est 12 mois plus $\frac{306}{2307}$ de mois.

Il faudrait donc que l'ouvrier travaillât un peu plus d'un an.

DE LA RÈGLE DE COMPAGNIE.

163. La règle de compagnie est ainsi nommée, parce qu'elle sert à partager entre plusieurs associés le bénéfice ou la perte résultant
de leur société.

164. Ce bénéfice ou cette perte se partagent
toujours proportionnellement aux fonds versés
par les associés dans la caisse de la société;
parce que, lorsque parmi eux il en est quelques-uns qui, par leur industrie et leur grande
connaissance du commerce, sont, en quelque
sorte l'âme de la société, on leur alloue sans
préjudice des parts des bénéfices auxquelles ils
ont droit de prétendre, des honoraires particuliers pour les récompenser des services
qu'ils rendent.

Ces honoraires se prennent d'abord sur le
bénéfice, ou s'ajoutent à la perte comme les
autres dépenses.

165. Comme il serait possible qu'un associé qui aurait des honoraires fixes et peu de
fonds, ne mît pas aux affaires de la société
tout le soin qu'il est capable d'y mettre, il est

16

sage de stipuler dans l'acte de société, que, passé certaine somme, ces honoraires croîtront en raison du bénéfice total. Par là, on s'intéresse à faire que ce bénéfice soit le plus grand possible.

Je dis *passé certaine somme*, parce que, si on stipulait simplement que les honoraires seront proportionnels au bénéfice, ou équivaudront à une certaine mise, en cas de perte ; non-seulement l'associé travaillant n'aurait rien, mais encore il serait exposé à ce que sa part de perte fût plus grande que la somme qu'il aurait effectivement versée dans la caisse de la société, de telle sorte qu'au lieu d'avoir, comme les autres, un reste proportionnel à sa mise, toute cette mise serait absorbée, et il serait obligé en outre de verser un supplément.

166. Dans les questions que nous allons résoudre, nous supposerons que les honoraires et autres frais sont réglés, et qu'il ne s'agit que de partager la perte ou le bénéfice net.

SOIXANTE-ONZIÈME QUESTION.

Trois marchands se sont associés ; le premier

a mis 22000 f. 00, *le second a mis* 16540 f. 00, *le troisième a mis* 15200 f. 00 ; *ils ont gagné* 10500 f. 00.

On demande *combien chacun doit avoir de gain en proportion de sa mise.*

J'ajoute les trois mises et j'ai 53740, *je dis ensuite : si avec* 53740 f. on a gagné 10500 f., *avec* 22000 f. *combien a-t-on gagné ?*

Le résultat, qui est la part du premier marchand, est le quatrième terme de cette proportion :

$$53740 : 22000 : : 10500 :$$

Ce quatrième terme est 4198 f. $\frac{2548}{5374}$.

La part du second marchand sera également donnée par cette proportion :

$$53740 : 16540 : : 10500 :$$

dont le quatrième terme est 5231 f. $\frac{3606}{5374}$.

Enfin la part du troisième et le quatrième terme de cette proportion :

$$53740 : 15200 : : 10500 :$$

Ce quatrième terme est 2969 f. $\frac{4594}{5374}$.

Si l'opération est bien faite, on doit, en ajoutant les trois parts que nous venons de trouver, avoir pour résultat le bénéfice total.

Faisant l'addition, on trouve en effet 10500 f. 00.

SOIXANTE-DOUZIÈME QUESTION.

Un particulier meurt débiteur de trois créan-
ciers ; il doit au premier 2590 f. 00, *au second*
1854 f. 00, *et au troisième* 1256 f. 00.

Il ne laisse en argent et effets qu'une valeur
de 3440 f. 00.

Combien *chaque créancier doit-il avoir de*
cette somme en proportion de sa créance ?

Cette question, quoique présentée d'une
autre manière, est absolument de même nature que la précédente.

Il s'agit de partager 3440 f. en trois parties
proportionnelles aux trois créances, comme
nous avons partagé tout-à-l'heure le bénéfice
total proportionnellement aux mises.

J'ajoute donc les trois créances, et je trouve
que le mort devait en somme 5700 f.

Je dis : si 5700 se réduisent à 3440, à
combien 2590 se réduisent-ils ?

La somme cherchée est le quatrième terme
de cette proportion :

$$5700 : 2590 : : 3440 :$$

Ce quatrième terme, qui marque ce que doit
recevoir le premier créancier, est 1563 $\frac{50}{570}$.

Pour savoir ce que doit toucher le second créancier, je fais cette proportion :

$$5700 : 1854 : : 3440 :$$

et je trouve (110) qu'il lui revient 1118 f. $\frac{516}{570}$.

Enfin, retranchant de 3440 f. la somme des deux parts que je viens de trouver, il me vient pour celle du troisième créancier 758 f. $\frac{4}{570}$.

SOIXANTE-TREIZIÈME QUESTION.

Deux associés ont, avec 8000 f. 00, *gagné* 1250 f. 00

Le premier a reçu pour gain et mise 5540 f. 00.

On demande *quels sont la mise et le bénéfice de chacun.*

J'ajoute à la mise totale le gain total, et il me vient 9250 f. 06 pour la somme que les deux négocians avaient à partager.

Maintenant, il est évident que la mise du premier est contenue dans 8000 f. 00, de la même manière que ce qu'il a touché en totalité est contenu dans 9250 f.

On aura donc cette mise en calculant le quatrième terme de cette proportion.

$$9250 : 5540 : : 8000 :$$

Ce quatrième terme (110) est 4791 f. $\frac{13}{37}$.

Retranchant cette somme de 5540, touchée en totalité, il vient pour le gain du premier associé 748 f. $\frac{24}{37}$.

Retranchant de 8000 f. , mise totale, 4791 f. $\frac{13}{37}$, mise du premier, on trouve que le second a mis 3208 f. $\frac{14}{37}$.

Enfin retranchant de 1250 f. , gain total, 748 f. $\frac{24}{37}$, gain du premier, on trouve que le second a gagné 501 $\frac{13}{37}$.

SOIXANTE-QUATORZIÈME QUESTION.

Trois négocians ont fait société pour 3 ans.

Le premier a mis d'abord 12000 f. 00, et 15 mois après 4500 f. 00.

Le second, qui d'abord avait mis 18000 f. 00, a retiré, 7 mois après, 7600 f. 00.

Enfin, le troisième a mis 9650 f. 00 qui sont restés dans le commerce pendant tout le temps de la société.

· Le gain total est 6800 f. 00; combien chacun doit-il retirer, à proportion de ses mises, et du temps qu'elles sont restées dans le commerce ?

Conformément au principe énoncé (157), il est clair que, dans cette question, on doit considérer, non-seulement la somme versée par chaque associé, mais encore le temps que cette somme est restée à la disposition de la société.

Cherchons donc, afin de rentrer dans les cas précédens, à ramener les mises à une même unité de temps.

La société a duré 3 ans ou 36 mois.

Le premier négociant a mis, 1° 12000 fr. qui sont restés 36 mois dans la société.

2° 4500 qui n'y ont été que 21 mois.

Le second négociant avait mis d'abord 18000 francs.

Il a retiré, 7 mois après, 7600 f. 00, il a donc eu, 1° 7600 qui ne sont restés que 7 mois dans la société.

2° 18000 francs moins 7600 francs, ou 10400 francs qui sont restés 36 mois.

Enfin, le troisième négociant a mis 9650 fr. qui sont restés 36 mois à la disposition de la société.

12000 francs pendant 36 mois (157), profitent autant que 36 fois 12000 fr. ou 432000 fr. qui ne seraient restés que pendant un seul mois.

De même 4500 francs pendant 21 mois

équivalent à 94500 francs qui auraient été mis pendant un mois.

La mise du premier négociant équivaut donc à 526500 francs qui n'auraient été qu'un seul mois à la disposition de la société.

On trouvera de la même manière, que la mise du second est la même chose que 427600 fr. qui seraient restés un mois dans la société.

Que la mise du troisième équivaut à 347400 qui seraient également restés un seul mois.

La question est donc ramenée à celle-ci :

Trois négocians se sont associés :

Le premier a mis........ 526500 f.
Le second............. 427600 f.
Le troisième.......... 347400 f.

Ils ont gagné 6800 f. ; *que revient-il à chacun ?*

La somme des mises est 1301500 f. : opérant comme nous l'avons fait (question 71), la part du premier sera donnée par le quatrième terme de cette proportion :

$$1301500 : 526500 : : 6800 :$$

ou (102) 13015 : 526500 : : 68 :

Celle du second, par le quatrième terme de celle-ci :

15015 : 427600 : : 68 :

Enfin, celle du troisième sera donnée par le quatrième terme de cette proportion :

15015 : 347400 : : 68 :

Calculant (110) ces quatrièmes termes, on trouve qu'il revient, savoir :

Au premier.............. 2750 f. $\frac{10750}{15015}$.

Au second.............. 2234 f. $\frac{1190}{15015}$.

Au troisième........... 1815 f. $\frac{975}{15015}$.

Total égal au bénéfice... 6800 francs.

DE LA RÈGLE DE FAUSSE POSITION.

167. Cette règle est ainsi nommée, parce que, pour trouver le nombre qui fait l'objet de la question, elle opère sur un nombre qui, pris arbitrairement, satisfait aux conditions de cette même question.

168. Elle est fondée sur ce principe, *que les parties semblables de deux nombres se contiennent l'une l'autre comme ces deux nombres.*

SOIXANTE-QUINZIÈME QUESTION.

Un officier supérieur, voulant témoigner sa satisfaction à 3 soldats qui s'étaient particulièrement distingués, donna au premier le cin-

quième de l'argent qu'il avait dans sa bourse, au second le quart, et au troisième le tiers de ce qui lui restait.

On demande *combien cet officier avait d'argent, sachant d'ailleurs que les 3 soldats ont reçu en somme* 77 f. 52.

Le premier soldat ayant eu $\frac{1}{5}$ de la somme cherchée, et le second $\frac{1}{4}$, les deux soldats ont eu ensemble $\frac{1}{5}$ plus $\frac{1}{4}$ ou $\frac{9}{20}$ de cette somme.

Conséquemment, le troisième soldat a eu le tiers de $\frac{11}{20}$ ou (87) $\frac{11}{60}$ de la somme que l'officier avait dans sa bourse.

Il s'agit donc de trouver le nombre dont le cinquième, le quart et les onze soixantièmes fassent 77 f. 52.

Pour y parvenir, je choisis arbitrairement un nombre dont je puisse prendre facilement et sans fraction le cinquième, le quart et les onze soixantièmes.

Pour cela, je multiplie l'un par l'autre les 3 dénominateurs 5, 4 et 60, et il me vient le nombre 1200.

Le $\frac{1}{5}$ de 1200 est....... 240
Le $\frac{1}{4}$ de 1200 est....... 300
Les $\frac{11}{60}$ de 1200 sont.... 220

Total...... 760.

Or, il est clair que 760 f., cinquième, quart et onze soixantièmes du nombre que j'ai pris arbitrairement, contiennent 77 f. 52, cinquième, quart et onze soixantièmes du nombre que je cherche, autant de fois que le nombre que j'ai pris arbitrairement contient celui que je cherche.

J'aurai donc ce dernier, en calculant le quatrième terme de cette proportion :

$$760 : 77,52 : : 1200 :$$

Ce quatrième terme (110) est 122 f. 40.

En effet, le cinquième de 122 f. 40

est.......................... 24 f. 48

Le quart est................. 3o f. 6o

Les onze soixantièmes sont...... 22 f. 44

—————

Total............ 77 f. 52.

Les trois nombres pris isolément sont les parts de chaque soldat.

SOIXANTE-SEIZIÈME QUESTION.

Un père ordonne par son testament que sa fortune, que l'on ne connaît point, sera partagée de la manière suivante :

Le fils aîné aura le tiers de la totalité.

Le second aura les $\frac{1}{4}$ de la part de son aîné et 900 francs de plus.

Le troisième aura la moitié de la somme des parts des deux autres , moins 64 francs.

On demande *ce qui revient à chacun des enfans.*

L'aîné aura $\frac{1}{3}$ de la fortune du père.

Le second aura les $\frac{3}{4}$ de ce tiers ou $\frac{3}{4}$ de la fortune totale , plus 900 francs.

Les deux aînés auront donc en somme $\frac{1}{3}$, plus $\frac{1}{4}$ de la fortune, plus 900 francs, ou ajoutant ces deux fractions $\frac{7}{12}$ de la fortune, plus 900 francs.

Le troisième fils aura la moitié de ces $\frac{7}{12}$, plus la moitié de 900 f. 00 moins 64 francs , c'est-à-dire qu'il aura $\frac{7}{24}$ de la fortune, plus 386 francs.

Ajoutons les 3 parts, nous avons $\frac{1}{3}$, plus $\frac{1}{4}$, plus $\frac{7}{24}$ de la fortune, plus 1286 ; tout cela doit composer la fortune.

La question est donc ramenée à celle-ci :

Trouver un nombre duquel, retranchant le tiers , le quart et les sept vingt-quatrièmes , le reste soit 1286.

Pour le trouver, je multiplie l'un par l'autre les 5 dénominateurs, et j'ai un nombre 288 , duquel je puis prendre facilement le tiers, le quart et les sept vingt-quatrièmes.

Le tiers de 288 est.............   96
Le quart est...................   72
Les sept vingt-quatrièmes sont....   84
_____
            Total............   252

Retranchons 252 de 288, il reste 36.

Or, il est clair que ce nombre 36 est une partie de 288, comme 1286 l'est de la fortune du père. Or, les parties semblables de 2 nombres se contiennent l'une l'autre comme les deux nombres.

La fortune cherchée contient donc 288 autant de fois que 1286 contient 36; on la trouvera donc en calculant le quatrième terme de cette proportion : .

            36 : 1286 : : 288 :

Ce quatrième terme (110) est 10288 francs.

Le tiers de 10288 est 3429 f. $\frac{1}{3}$; telle est la part du fils aîné.

Le quart de 10288 est 2572; en y ajoutant 900 f. 00, on a 3472 francs; c'est la part du second fils.

Les sept vingt-quatrièmes de 10288 sont 3000 f. $\frac{1}{3}$; en y ajoutant 386, il vient 3386 $\frac{1}{3}$; c'est la part du troisième fils.

Ajoutant ces trois parts, on trouve 10288.

SOIXANTE-DIX-SEPTIÈME QUESTION.

Trois personnes qui avaient chacune 100 *fr.,
ont dépensé en somme* 180 *francs ; le second a
dépensé* 3 *fois autant que le premier, plus
17 francs ; le troisième à lui seul a dépensé
autant que les deux autres ensemble, moins
8 francs.*

On demande *combien il reste à chacun.*

Si je connaissais la dépense faite par chacun, en la retranchant de 100 fr., j'aurais le reste demandé par l'état de la question.

Représentons par 1 la dépense du premier, laquelle dépense est composée d'un nombre quelconque de francs qu'il s'agit de déter‑miner.

La dépense du second sera 3, plus 17 fr.

. La dépense du troisième sera 4, plus 17 fr., moins 8 francs, ou 4 plus 9 francs.

Ajoutons ces trois dépenses, nous aurons 1 plus 3, plus 4, plus 26 francs.

Tout cela doit être égal à 180 francs, qui est la dépense totale.

Retranchons 26 fr. de 180, il reste 154 fr. qui représentent 1 fois la dépense du premier, plus 3 fois cette même dépense, plus 4 fois celle même dépense. Conséquemment, si l'on divise 154 par 1, plus 3, plus 4, ou par 8, on aura la dépense du premier.

La dépense du premier est.. 19 f. $\frac{1}{4}$.

Celle du second est....... 74 f. $\frac{3}{4}$.

Celle du troisième est..... 86 f. 00.

Total........ 180 fr.

Retranchant ces dépenses de 100 f. 00, on trouve qu'il reste :

Au premier............... 80 f. $\frac{3}{4}$.

Au deuxième............. 25 f. $\frac{1}{4}$.

Au troisième.. .... 14 f. 00.

SOIXANTE-DIX-HUITIÈME QUESTION.

Deux voyageurs ont trouvé 250 f. 00, et se les sont partagés de manière que le tiers de la part du premier surpasse de 12 f. 00 le quart de la part du second.

On demande *quelle est la part de chacun.*

Puisque le tiers de la part du premier surpasse de 12 francs le quart de la part du second, 3 fois le tiers de la part du premier surpasseront de 36 francs 3 fois le quart de la part du second.

Mais 3 fois le tiers de la part du premier est

la part entière de celui-ci ; conséquemment,
si l'on représente par 1 la part du second,
celle du premier sera représentée par $\frac{1}{4}$, plus
56 francs.

Retranchons 36 francs des 250 trouvés par
les voyageurs, il restera 214 qui représen-
teront la part du second, plus $\frac{1}{4}$ de fois cette
part.

La question devient donc celle-ci : *partager*
214 *en deux parties, de manière que l'une ne*
soit que les $\frac{1}{4}$ de l'autre.

Ou *partager* 214 *proportionnellement aux*
nombres 1 *et* $\frac{1}{4}$, *ce qui rentre* dans le cas de
la règle de société, où l'on partage le gain
proportionnellement aux mises. On aura donc

$$1 \text{ plus } \tfrac{1}{4} \text{ ou } \tfrac{7}{4} : 1 : : 214 :$$

un quatrième terme qui sera la part du
second.

Ce quatrième terme (110) est 122 f. $\frac{2}{7}$.

Retranchant 122 $\frac{2}{7}$ de 250 f., on trouve
127 f. $\frac{5}{7}$ pour la part du premier. En effet,

le tiers de 127 f. $\frac{5}{7}$ est...... 42 f. $\frac{4}{7}$.

le quart de 122 f. $\frac{2}{7}$ est..... 30 f. $\frac{4}{7}$.

Différence,............. 12 f. 00.

QUESTIONS DIVERSES.

SOIXANTE-DIX-NEUVIÈME QUESTION.

*Un chasseur est convenu avec un de ses cama-
rades qu'il lui donnerait* 60 *centimes par chaque
pièce de gibier qu'il tuerait, à condition que
celui-ci lui en rendrait* 75 *par chaque pièce de
gibier qu'il tirerait et qu'il ne tuerait pas.*

Il se trouve qu'au bout de 63 *coups aucun
des chasseurs n'a rien à recevoir.*

On demande *combien de pièces de gibier ont
été tuées.*

Il est clair que, s'il y avait eu 75 pièces de
gibier tuées et 60 de tirées et manquées (ce
qui fait en tout 135 coups tirés), le produit
de 75 pièces tuées par 60 centimes qu'aurait
reçus le second chasseur, serait égal au produit de 60 pièces manquées par 75 centimes
qu'aurait reçus le premier chasseur.

Mais, au lieu de 135 coups, il n'y en a eu
que 63 de tirés. La question se réduit donc à
partager 63 *en deux parties proportionnelles
aux nombres* 75 *et* 60; ce qui donne cette proportion :

75 plus 60 ou 135 : 63 : : 75 :

un quatrième terme qui est le nombre de pièces de gibier tuées.

Ce quatrième terme (110) est 35.

Il y a donc eu 35 pièces tuées et 28 de tirées et manquées. En effet,

35 pièces à o f. 60 font........ 21 f. 00
28 pièces à o f. 75 font également 21 f. 00

QUATRE-VINGTIÈME QUESTION.

Un lapin sort de son terrier et a déjà fait 13 sauts, lorsqu'un lévrier, couché près du trou, l'aperçoit et se met à sa poursuite.

Le lapin fait 15 sauts pendant que le chien n'en fait que 13; mais 9 sauts du chien en valent 11 du lapin.

On demande, *si le lévrier attrape le lapin, combien il aura fait de sauts avant de le prendre, et combien le lapin en aura fait avant d'être pris.*

Je dis d'abord : *si 9 sauts de chien en valent 11 de lapin, combien 13 en valent-ils ?*

Je trouve 15 $\frac{8}{9}$.

Conséquemment, pendant que le lapin fait 15 sauts, le chien en fait 15 $\frac{8}{9}$.

Il gagne donc $\frac{8}{9}$ de saut de lapin par chaque fois 15 sauts que fait le lapin.

Mais le lapin a 13 sauts d'avance.

Je dis donc: *si, par chaque 15 sauts, le lapin perd $\frac{8}{9}$ de saut, combien devrait-il faire de sauts pour en perdre 13 ?*

Je trouve $219\frac{3}{8}$.

Le lapin sera donc pris après avoir fait 219 sauts $\frac{3}{8}$.

Pour avoir le nombre de sauts faits par le chien,

Je dis : *si 11 sauts du lapin en valent 9 du chien, combien $219\frac{3}{8}$ en valent-ils ?*

Je trouve $179\frac{43}{88}$.

QUATRE-VINGT-UNIÈME QUESTION.

Un professeur, voulant distribuer un certain nombre d'oranges à des élèves dont il est satisfait, leur dit :

Si j'avais 5 oranges de plus, je pourrais en donner à chacun 7 ; mais, si je n'en donne que 5 à chacun, il m'en restera 9 dont je gratifierai celui qui aura le plus tôt deviné combien j'ai d'oranges et combien d'élèves je veux récompenser.

En donnant à chaque élève 7 oranges, il en manque 5, en en donnant à chacun 5 ou 2 de *moins*, il en reste 9.

Il y a donc 14 de différence entre le nombre d'oranges qui, dans les deux cas, seraient distribuées, et, puisque cette différence est de 2 par chaque élève, il y a donc 14 divisé par 2, ou 7 élèves.

En effet, 7 fois 7 font 49; ôtez 5, reste 44.

7 fois 5 font 35; ajoutez 9, on a 44 qui est le nombre d'oranges à distribuer.

QUATRE-VINGT-DEUXIÈME QUESTION.

Le même professeur, voulant s'assurer des progrès de ses élèves, promet un goûter et une promenade champêtre à ceux d'entre eux qui devineraient de combien de pages est composé le livre qu'il tient à la main.

Pour les mettre à même de faire cette découverte, il leur dit : le livre est composé de deux parties.

Le tiers des pages que contient la première égale le septième de celles qui composent la seconde; et le neuvième, plus cinq, des pages qui composent la seconde, égale le douzième de ce que contient le livre entier.

Puisque $\frac{1}{9}$ des pages de la seconde partie, plus 5, vaut $\frac{1}{12}$ de ce que contient le livre entier, la seconde partie, plus 45 pages, vaut $\frac{9}{12}$

du livre entier ; donc la seconde partie vaut $\frac{9}{12}$ du livre entier moins 45 pages.

Mais un tiers de la première vaut $\frac{1}{7}$ de la seconde ; conséquemment, la première vaut $\frac{1}{7}$ de la seconde ou les $\frac{1}{7}$ des $\frac{9}{12}$ du livre entier, moins les $\frac{1}{7}$ de 45 pages.

Les $\frac{1}{7}$ de $\frac{9}{12}$ sont.......... $\frac{27}{84}$
les $\frac{1}{7}$ de 45 sont............ $\frac{135}{7}$.

Donc, la première partie vaut $\frac{27}{84}$ du livre entier, moins $\frac{135}{7}$ de page.

Ajoutons les deux parties, nous aurons $\frac{9}{12}$ plus $\frac{27}{84}$ du livre, moins 45 pages, moins $\frac{135}{7}$ de page.

$\frac{9}{12}$ plus $\frac{27}{84}$ valent $\frac{90}{84}$ ou $1\frac{6}{84}$
45 valent................ $\frac{315}{7}$.

Les deux parties réunies valent donc 1 livre entier, plus $\frac{6}{84}$ de livre moins $\frac{450}{7}$ de page.

Mais ces deux parties ne peuvent faire que le livre entier; il faut donc que $\frac{6}{84}$ du livre contiennent $\frac{450}{7}$ de page.

Donc, si on divise $\frac{450}{7}$ par $\frac{6}{84}$, on aura le nombre des pages qui composent le livre.

Faisant la division (92) et réduisant, on trouve que le livre contient 900 pages.

La première partie contenant $\frac{27}{84}$ de livre moins $\frac{135}{7}$ de page, est de 270 pages.

La seconde partie est de 630 pages.

En effet,

$\frac{1}{3}$ de 270 est.................... 90

$\frac{1}{7}$ de 630 est.................... 90

$\frac{1}{12}$ de 900 est.................... 75

$\frac{1}{9}$ de 630 plus 5 est............. 75

Ce qui satisfait aux conditions de la question.

APPENDICE.

DES MESURES ANCIENNES ET DES NOUVELLES MESURES ADOPTÉES POUR LE COMMERCE EN DÉTAIL.

Nous avons exposé (27 et suivans) les motifs qui ont déterminé la Convention nationale à rétablir l'uniformité des poids et mesures et le mode de leurs subdivisions.

Dans la vue d'accélérer l'établissement de cette uniformité, il a été ordonné, par décret du 12 février 1812, que le Ministre de l'intérieur ferait confectionner des instrumens de pesage et de mesurage, qui se diviseraient suivant les multiples les plus en usage dans le commerce et les plus appropriés aux besoins du peuple ; que ces instrumens, pour faciliter la comparaison et accoutumer peu à peu aux dénominations établies par les lois, porteraient sur leurs diverses faces, et les divisions décimales et celles anciennement en usage.

Ce décret a commencé à recevoir son exécution le 28 mars 1812.

Depuis, et par arrêté du 21 février 1816, Son Exc. le ministre secrétaire d'état au département de l'intérieur, considérant que la faculté laissée aux marchands en détail, de conserver les fractions décimales des mesures et des poids, concurremment avec les mesures et les poids usuels, donnait lieu à beaucoup de fraude et d'abus, après avoir pris les ordres du roi, a décidé, qu'à partir du 21 février 1816, les marchandises et denrées, de quelque nature et qualité qu'elles soient, qui se vendent à la mesure ou au poids, ne pouvaient être vendues *en détail* qu'aux mesures et aux poids usuels; en conséquence, il a défendu aux marchands en détail, quel que soit le genre de leur commerce ou profession, de conserver en évidence dans leurs boutiques, sur leurs comptoirs ou étaux, les fractions décimales des mesures et des poids, et de s'en servir pour mesurer ou pour peser les denrées qu'ils débiteront.

Les marchands, fabricans, commissionnaires, et autres qui font le commerce en gros, mais qui exercent en même temps le commerce de *détail*, sont assujettis aux mêmes conditions, en ce qui concerne ce dernier genre de commerce.

Les marchands en détail étant très-nombreux, et les consommateurs, plus nombreux encore, ayant tous intérêt à vérifier les quantités et la valeur des marchandises qui leur sont livrées, il devient dès-lors indispensable d'indiquer la manière de calculer les poids et mesures dont l'usage a été prescrit par les décrets et les arrêtés précités.

Ces poids et mesures usuels sont, savoir :

1° Pour les bois de charpente, de menuiserie, de charronnage, et en général pour tous les matériaux qui servent aux constructions : *La toise.*

Cette toise est égale à *deux mètres ;* elle se subdivise en 6 *pieds*, égaux chacun à $\frac{1}{3}$ *de mètre.* Le pied se subdivise en 12 *pouces*, le pouce en 12 *lignes*, la ligne en 12 *points.*

2° Pour la vente des toiles, étoffes et autres tissus : *L'aune.* L'aune est égale *à douze décimètres ;* elle se divise en *demi-aune*, en *quart*, en *huitième*, en *seizième*, en *trente-deuxième ;* ainsi qu'en *tiers*, en *sixième*, *douzième* et *vingt-quatrième.*

18

3° Pour la vente du charbon de bois, des grains et autres matières sèches : *Le boisseau.*

Le boisseau est égal à *un huitième d'hectolitre.*

Il se divise en *demi*, en *quart.*

4° Pour la vente des graines, grenailles, farines, fruits, légumes secs ou verts, du lait, du vin, de l'eau-de-vie, et autres boissons et liqueurs : *Le litre.*

Nous en avons indiqué (29) la capacité ; il se subdivise en *demi-litre*, en *quart*, en *huitième*, en *seizième.*

5° Pour celle des marchandises qui se vendent au poids : *La livre.*

La livre est égale à *un demi-kilogramme.*

Elle se subdivise en *demi-livre*, en *quarteron*, le *quarteron* en 4 *onces*, *l'once* en 8 *gros*, le *gros* en 72 *grains.*

Pour la vente de l'huile en détail, il y a des mesures qui représentent la *livre*, la *demi-livre*, *l'once*, etc.

Il arrive souvent que l'on a besoin de connaître les poids, mesures et monnaies anciennes, soit pour les comparer aux nouvelles, soit pour vérifier les opérations qui ont été faites pendant qu'elles étaient en usage, soit parce qu'on est obligé de recourir aux résultats de ces opérations.

Par ces raisons, nous croyons nécessaire de les faire connaître, et d'indiquer succinctement les moyens que l'on employait pour les calculer.

L'ancienne unité de longueur usuelle était la *toise ;* elle était égale à 1 m. 9490363.

Elle se subdivisait en 6 *pieds ,* le pied en 12 *pouces ,* le pouce en 12 *lignes ,* la ligne en 12 *points.*

L'aune de Paris était de 3 pieds 7 pouces 10 lignes 5 sixièmes de ligne , ce qui équivalait environ à 1 mètre 188 millimètres.

Elle se subdivisait 1° en *tiers ,* en *sixième ,* en *douzième ;* 2° en *demi-aune ,* en *quart ,* en *huitième ,* en *seizième.*

La canne de Provence contenait 1 $\frac{2}{3}$ d'aune de Paris.

La canne de Toulouse contenait 1 $\frac{1}{2}$ d'aune de Paris.

Les lieues se distinguaient, savoir :

1° *En lieues marines ,* ou de vingt au degré, dont la longueur était de 2850 toises 411 millièmes.

2° *En lieues de* 25 *au degré,* ou de 2280 toises un tiers.

3° *En lieues de poste de* 2000 toises.

Pour mesurer les surfaces, on employait *la toise carrée;* elle se subdivisait en *pieds carrés,* en *pouces carrés, lignes carrées,* c'est-à-dire en parties qui avaient chacune 1 *pied en carré ou un pouce en carré,* etc. Par ce moyen, la toise carrée contenait 36 pieds carrés, c'est-à-dire 6 pieds de long, sur 6 pieds de large. Le pied carré, de 12 pouces de long, sur 12 pouces de large, contenait 144 pouces carrés, le pouce 144 lignes carrées, etc.

La toise carrée se subdivisait encore en *toise-pieds,* en *toise-pouces,* en *toise-lignes,* c'est-à-dire en surfaces qui avaient chacune une toise de longueur, et dont la largeur était ou un *pied,* ou un *pouce,* ou une *ligne.*

Dans ce cas, la toise carrée ne contenait que 6 *toises-pieds,* la toise-pied 12 *toises-pouces,* la toise-pouce 12 *toises-lignes.*

Pour les mesures agraires, on comptait par *arpent;* l'arpent contenait 100 *perches carrées.*

La perche était un carré qui avait tantôt 18 pieds de côté, tantôt 20 et tantôt 22 et même au-delà : d'où résultait la distinction des grands et des petits arpens.

Le plus ordinairement la perche était de 22 pieds ; c'était celle en usage dans les eaux et forêts.

La perche se divisait tantôt en *pieds-carrés,* tantôt en *pieds-perches,* tantôt en *dixièmes de perche.*

Pour les mesures agraires, on comptait encore par *acres ,* par *journaux.* Enfin, il n'y avait presque pas de pays qui n'eût sa mesure particulière, soit sous le même nom, soit sous un nom différent.

Il y avait, comme pour l'arpent, diverses espèces d'acres : l'*acre de Normandie, grande mesure,* se divisait en 4 *vergées,* chaque vergée contenait 40 *perches* superficielles. La perche ayant, comme pour l'arpent des eaux et forêts, 22 pieds de côté, il suit de là que l'acre contenait un arpent 60 perches.

Le journal de Bourgogne contenait 360 *perches,* la perche n'avait que 9 pieds 6 pouces de côté.

Pour mesurer les solides, on se servait de la *toise cube ;* la toise cube se subdivisait en *pieds cubes ,* en *pouces cubes ,* en *lignes cubes ;*

c'est-à-dire en solides, qui avaient un pied en tous sens, ou un pouce en tous sens, etc.

La toise cube ayant 6 pieds de long sur 6 pieds de large et 6 pieds de haut, contenait 216 pieds cubes.

Le pied cube, qui avait 12 pouces de long sur 12 pouces de large et 12 pouces de haut, contenait 1728 pouces cubes; le pouce cube, 1728 lignes cubes, etc.

On subdivisait encore la toise cube en *toise-toise-pieds, toise-toise-pouces, toise-toise-points;* c'est-à-dire en solives, qui avaient 6 pieds de long sur 6 pieds de large, et dont la hauteur était ou un pied, ou un pouce, ou une ligne.

D'après cette subdivision, la toise cube ne contenait que 6 *toise-toise-pieds ;* la toise-toise-pieds, 12 *toise-toise-pouces ,* etc.

Pour les bois de construction, on comptait par *solives,* la solive avait 12 *pieds de haut sur* 36 *pouces carrés de base, ou six pieds de haut sur* 72 *pouces carrés de base, ou* 3 *pieds de haut sur* 1 *pied carré de base;* par conséquent il y avait 72 solives dans la *toise cube.*

La solive contenait 432 *chevilles ,* la cheville

avait 1 pied de haut sur un pouce carré de base, ou 12 *pouces cubes*.

Le muid de vin contenait 36 *setiers*, le setier valait 8 *pintes*, ce qui donnait pour le muid 288 pintes.

La pinte se divisait en deux *chopines*, la chopine en deux *demi-setiers*, le demi-setier en deux *poissons*, le poisson contenait 6 *pouces cubes;* partant, la pinte contenait 48 pouces cubes.

Le muid de Paris (pour le blé) était de 12 *setiers*, le setier contenait 2 *mines*, la mine 2 *minots*, le minot 3 *boisseaux*, le boisseau 16 *litrons*, le litron contenait 36 *pouces cubes*.

La corde, pour le bois à brûler, avait 8 pieds de couche et 4 pieds de hauteur; la longueur des bûches était de 3 pieds $\frac{1}{2}$.

La livre de poids, à Paris, était de 16 *onces* ou 2 *marcs*, le marc de 8 *onces*, l'once de 8 *gros*, le gros de 3 *deniers*, le denier de 24 *grains*, le grain était à-peu-près le poids d'un grain d'orge.

La livre monnaie valait 20 *sous*, le sou 12 *deniers*, par conséquent la livre valait 240 deniers.

~~~~~~

DES NOMBRES COMPLEXES.

Tous les nombres qui contiennent une ou plusieurs parties des anciennes subdivisions de l'unité, ou de celles prescrites pour le commerce en détail, en vertu du décret du 12 février 1812, sont dits *nombres complexes*.

Ces nombres sont susceptibles des mêmes opérations que les nombres simples ou déci-maux.

Nous allons en donner quelques exemples.

~~~~~~

DE L'ADDITION DES NOMBRES COMPLEXES.

Ajouter ensemble

9 tois.	5 pieds	11 p.	8 lig.
10 t.	5 p.	9 p.	10 l.
	1 p.	8 p.	9 l.

Total 20 t.   5 p.   6 p.   5 l.

J'écris les trois nombres les uns au-dessous des autres, et de manière que les unités de même espèce soient dans une même colonne ; puis, commençant par la colonne des lignes,

jé dis : 8 et 10 font 18 et 9 font 27, dans
27 lignes il y a 24 lignes, plus 3 lignes ; or,
24 lignes valent 2 pouces, je pose donc les 3
lignes et je retiens les 2 pouces pour reporter
dans la colonne suivante. Je dis ensuite : 11
et 2 de retenue font 13 et 9 font 22, et 8 font
30 ; dans 30 pouces il y a 2 pieds 6 pouces,
je pose les 6 pouces, et je retiens les 2 pieds
pour les ajouter à ceux de la colonne suivante.
Je dis donc : 5 pieds et 2 de retenue font 7,
et 3 font 10 et 1 font 11 ; dans 11 pieds il y
a une toise, plus 5 pieds ; je pose les 5 pieds
et je retiens la toise pour l'ajouter aux autres,
et je dis : 9 toises et 1 de retenue font 10,
je pose o et retiens 1 que je reporte dans la
colonne des dizaines, en disant : 1 et 1 de
retenue font 2, que je pose au-dessous.

J'ai ainsi pour total,
20 toises 5 pieds 6 pouces 3 lignes.

Soit proposé d'ajouter :

$$
\begin{array}{rrr}
609 \text{ liv.} & 13 \text{ s.} & 9 \text{ d.} \\
402 & 15 & 4 \\
23 & 10 & \\
\hline
\end{array}
$$

Total 1035 liv. 19 s. 1 d.

Je commence par la colonne des deniers,

et je dis : 9 et 4 font 13. dans 13 deniers il
y a 12 deniers, plus 1 denier; or, 12 deniers
valent 1 sou, il y a donc 1 sou, plus 1 denier;
je pose le denier sous sa colonne, et retiens le
sou pour le porter dans la colonne suivante.

Je dis donc : 3 sous et 1 de retenue font 4
et 5 font 9 que je pose au-dessous. Passant
à la colonne des dizaines de sous, je dis : 1
et 1 font 2 et 1 font 3 ; or, dans 3 dizaines
de sous, il y a une livre qui vaut 2 dizaines,
plus 1 dizaine ; je pose donc 1 sous la colonne
des dizaines de sous, et je retiens 1 livre. Je
dis ensuite : 9 livres et 1 de retenue font 10,
et 2 font 12 et 3 font 15; je pose 5 et retiens
une dizaine de livres, puis, passant aux dizaines, 2 et 1 de retenue font 3, je pose 3;
puis enfin, passant aux centaines, 6 et 4 font
10 que je pose au-dessous.

Ces deux exemples suffisent pour faire voir
que l'addition des nombres complexes ne présente point de difficultés particulières , et
qu'il faut seulement avoir toujours présentes
à la pensée les diverses subdivisions de l'unité,
afin de pouvoir opérer les retenues convenablement.

Nous allons, pour exercer les commençans,

ajouter un exemple que nous leur laisserons le soin de calculer.

Ajouter les trois nombres suivans :

10 l.	15 onc.	7 gr.	65 grains.
317	6	0	32
21	13	5	21

350 l. 3 onc. 5 gr. 46 grains.

~~~~~~

DE LA SOUSTRACTION DES NOMBRES COMPLEXES.

La soustraction des nombres complexes se fait comme celle des nombres décimaux, seulement il faut faire bien attention à la manière dont les subdivisions de l'unité principale dérivent les unes des autres, afin de faire convenablement les emprunts.

Soit proposé pour exemple :

de.......... 48 liv. 14 s. 7 d.
retrancher... 21 liv. 17 s. 9 d.

différence.... 26 liv. 16 s. 10 d.

Je commence par la colonne des deniers, et je dis : de 7 ôtez 9, ne se peut, j'emprunte sur le chiffre 4 un sou qui vaut 12 deniers, et je dis : 12 et 7 qu'il y a déjà font 19 ; de 19 ôtez 9, reste 10, que je pose sous la colonne des deniers.

Passant à la colonne des sous, j'observe que le chiffre 4, sur lequel j'ai emprunté, ne vaut plus que 3, et, comme je ne puis pas retrancher 7 de 3, j'emprunte une dizaine de sous, et je dis : de 13 ôtez 7, reste 6, que je pose sous la colonne des sous.

Passant aux dizaines de sous, je remarque que le chiffre 1, sur lequel j'ai emprunté, ne vaut plus que 0, et, comme il y a une dizaine de sous dans le nombre à retrancher, j'emprunte sur le chiffre 8 une livre, qui vaut 2 dizaines de sous, et je dis : de 2 ôtez 1, reste 1, que je pose sous la colonne des dizaines de sous.

Passant à la colonne de livres, je dis, à cause du dernier emprunt : de 7 ôtez 1, reste 6, que j'écris au-dessous ; puis, de 4 dizaines ôtez 2, reste 2, que j'écris également au-dessous.

J'ai alors pour différence, 26 livres 16 sous 10 deniers.

Autre exemple.

De 628 *toises retrancher* 42 *toises* 5 *pieds* 8 *pouces.*

J'écris les nombres comme il suit :

628 toises o pieds o pouces.
42 toises 5 pieds 8 pouces.

---

585 toises o pieds 4 pouces.

Comme il n'y a dans le nombre supérieur ni pieds ni pouces, j'emprunte sur les toises une toise qui vaut 6 pieds ; de ces 6 pieds j'en laisse, par la pensée, 5 dans la colonne des pieds, il m'en reste 1 qui vaut 12 pouces ; je dis donc : de 12 ôtez 8, reste 4, que je pose sous la colonne des pouces.

Passant ensuite à la colonne des pieds, je rappelle que des 6 pieds empruntés 5 sont restés mentalement dans cette colonne, et je dis : de 5 ôtez 5 reste o, que je pose sous la colonne des pieds.

Passant maintenant à la colonne des toises, je dis, à cause de la toise empruntée : de 7 ôtez 2 reste 5, que je pose au-dessous. Le reste se fait comme pour la soustraction des nombres simples.

Soit encore de   39 liv. 12 onc. 7 gr.
retrancher   14 liv. 13 onc. 2 gr.
on trouve pour

_____

différence   24 liv. 15 onc. 5 gr.

DE LA PREUVE DE L'ADDITION DES NOMBRES COMPLEXES.

Cette preuve est fondée sur les mêmes principes que nous avons exposés (37) ; seulement, quand on passe de l'unité principale à ses subdivisions, c'est en unités de l'espèce suivante qu'il faut convertir le reste.

Nous allons éclaircir cela par un exemple :

Nous avons trouvé précédemment que la somme des nombres

	toises	pieds	pouces	L
	9 toises	5 pieds	11 pouces	8 L
	10 t.	5 p.	9 p.	10 l.
		1 p.	8 p.	9 l.
était	20 t.	5 p.	6 p.	3 l.
	11	2	2	0

Je recommence l'addition par la gauche, et je dis : 1 ôté de 2 reste 1, que j'écris au-des-

sous ; cet 1 , joint par la pensée au chiffre suivant, représente 10 toises.

Passant à la colonne des toises, je dis : 9
ôté de 10, reste 1, que j'écris au-dessous.

Maintenant, je remarque que cette toise
vaut 6 pieds, et, qu'ajoutée par la pensée au
chiffre 5, qui est dans la colonne des pieds ,
cela fait 11 pieds.

Passant à la colonne des pieds, je dis : 5 et
3 font 8 , et 1 font 9, qui, ôtés des 11, donnent
pour reste 2, que j'écris au-dessous.

Ces deux pieds valent 24 pouces, qui,
ajoutés aux 6 pouces qui sont déjà dans le
total, font 30 pouces.

Passant à la colonne des pouces, je dis : 11
et 9 font 20, et 8 font 28, qui, ôtés de 30,
donnent pour reste 2, que j'écris au-dessous.

Or, ces 2 pouces valent 24 lignes, qui,
ajoutés aux 3 qui sont déjà dans le total,
donnent 27 lignes.

Je dis , passant à la colonne des lignes :
8 et 10 font 18, et 9 font 27, ôtés de 27,
reste 0.

D'où je conclus que l'addition a été bien
faite.

DE LA PREUVE DE LA SOUSTRACTION DES NOMBRES COMPLEXES.

Cette preuve n'offre aucune difficulté particulière ; il faut, comme nous l'avons dit (38), ajouter la différence au nombre le plus petit, et on doit trouver pour somme le nombre le plus grand dont on a retranché.

DE LA MULTIPLICATION DES NOMBRES COMPLEXES.

La multiplication des nombres complexes se fait ordinairement par parties *aliquotes*.

Un nombre est dit partie *aliquote* d'un autre, lorsqu'il est contenu un nombre exact de fois dans cet autre. C'est ce que nous avons déjà (9) appelé *sous-multiple*.

Nous allons développer les principes de cette multiplication par des exemples.

Un marchand a acheté 532 aunes de toile à raison de 2 liv. 17 s. 6 d. l'aune ; combien doit-il payer ?

Il est évident qu'il doit payer 2 l. 17 s. 6 d. autant de fois qu'il y a d'aunes de toile ; il faut donc multiplier 2 l. 17 s. 6 d. par 532, et le produit représentera des livres.

Opération.

2 l. 17 s. 6 d.

532

1064 l.			
266		pour	10 sous.
133		pour	5 sous.
26	12 s.	pour	1 sou.
26	12 s.	pour	1 sou.
13	6 s.	pour	6 deniers.

1529 l. 10 s.

Je commence par multiplier 2 l. par 532, et j'ai pour produit 1064 l.

Puis, pour les 17 sous, je dis : si j'avais une livre à multiplier par 532, le produit serait 532 ; mais, comme 17 s. ne font qu'une demi-livre plus 7 s., le produit de 532 l. par 17 s. ne doit être que la moitié de 532, plus les 7 dixièmes de cette moitié.

Je prends donc, pour 10 s. ou la demi-livre, la moitié de 532, et j'ai un produit partiel 266, que je pose au-dessous du premier.

Maintenant, il me reste à multiplier par

7 s. ; or, j'observe que 7 s. sont la même chose que 5 s. , plus 2 s. ; or, 5 s. sont la moitié de 10 s. ; le produit de 5 s. par 532 doit donc être la moitié de celui que j'ai trouvé précédemment pour 10 s. ; je prends donc cette moitié, qui est 133, et je la pose au-dessous du premier produit.

Maintenant, reste à multiplier par 2 s. ; je divise ce facteur en deux parties, et je dis : le produit de 532 par 1 s. est le cinquième de celui que je viens de trouver pour 5 s. Je prends donc ce cinquième, qui est 26 l. 12 s., et je le pose au-dessous des produits. J'ajoute une seconde fois ce cinquième pour le sou, par lequel on n'a pas encore multiplié.

Reste maintenant à multiplier 532 par 6 deniers.

Je dis : si j'avais 532 à multiplier par 1 s. , le produit serait 26 l. 12 s. , comme je viens de le trouver ; mais 6 d. ne sont que la moitié d'un sou, il faut donc, pour avoir le produit par 6 deniers, prendre la moitié de 26 l. 12 s., je prends cette moitié, qui est 13 l. 6 s. , et je la pose au-dessous des produits précédens. Additionnant tous ces produits partiels, je trouve pour produit total 1529 l. 10 s.

Pour faire la preuve de cette opération, je fais usage du principe énoncé (57); c'est-à-dire que je multiplie 1 l. 8 s. 9 d., *moitié du multiplicande*, par 1064, *double du multiplicateur*, ce qui me donne également 1529 l. 10 s. pour produit.

Développement de la preuve.

```
    1 l.   8 s.  9 d.
 1064
───────────────────────────
 1064 l.
  266          p. 5 s.
  106     8 s. p. 2 s.
   53     4 s. p. 1 s.
   26    12 s. p. 6 d.
   13     6 s. p. 3 d.
───────────────────────────
 1529 l.   10 s.
```

Que faut-il payer pour 17 toises 5 pieds 8 pouces d'ouvrage, à raison de 3 l. 10 s. 8 d. la toise ?

Il est clair qu'il faut payer 3 l. 10 s. 8 d. autant de fois qu'il y a de toises dans 17 toises 5 pieds 8 pouces; il faut donc multiplier 3 l. 10 s. 8 d. par 17 toises 5 pieds 8 pouces.

Opération.

3 l. 10 s. 8 d.
17 t. 5 pieds 8. p.

---

51 l.
8 l. 10 s.   pour 10 s.
    17 s.   faux produit p. 1 s.
     8 s.   6 d.   pour 6 d. moitié du
                      faux prod. ci-dess.
     2 s. 10 d.   pour 2 d.
1 l. 15 s.   4 d.   pour 3 pieds.
1 l. 3 s.   6 d. ⅔ pour 2 pieds.
     7 s. 10 d. ⅖ pour 8 pouces.

---

65 l. 8 s. 0 d. $\frac{2}{9}$

Je commence par multiplier 3 l. par 17, et
j'ai pour produit 51 l., que je posé.

Maintenant, je dis : 10 s. font la moitié d'une
liv., si j'avais 17 à multiplier par 1 liv., j'aurais 17 liv. ; il faut donc pour 10 s. prendre
la moitié de 17, cette moitié est 8 liv. 10 s.,
que je pose au-dessous du premier produit.

Pour multiplier 17 par 8 d., je dis : si j'avais
17 à multiplier par 1 s., j'aurais 17 s., je pose
les 17 s., mais je les barre légèrement, parce

que ce produit n'est destiné qu'à me faciliter la multiplication par 8 d.

Je dis ensuite : 8 d. font la même chose que 6 d., plus 2 d. ; 6 d. font la moitié d'un s., donc le produit, par 6 d. est la moitié du faux produit 17 s. que je viens de trouver ; je prends donc cette moitié qui est 8 s. 6 d., et je la pose au-dessous des produits précédens.

Reste à multiplier 17 par 2 d.; or, 2 d. étant le tiers de 6 d., je prends le tiers de 8. s. 6 d. que je viens de trouver pour 6 d., et j'ai 2 s. 10 d., que je pose.

J'ai donc jusqu'ici le produit de 3 l. 10 s. 8 d. par 17 toises. Maintenant, il faut trouver le produit de ces 3 l. 10 s. 8 d. par les 5 pieds 8 pouces, par lesquels on n'a pas encore multiplié.

Occupons-nous d'abord des 5 pieds.

Je dis : si j'avais 3 liv. 10 s. 8 d. à multiplier par une toise, le produit serait 3 liv. 10 s. 8 d. ; mais 5 pieds sont la même chose qu'une demi-toise, plus 2 pieds. Le produit par la demi-toise sera donc la moitié de 3 liv. 10 s. 8 d. ; je prends cette moitié qui est 1 liv. 15 s. 4 d. que je pose au-dessous des produits précédens.

Pour avoir le produit par les 2 pieds qui restent, j'observe que 2 pieds sont les deux tiers de trois pieds, par conséquent, je prends les deux tiers du produit que je viens de trouver tout à l'heure pour les 3 pieds, et j'ai 1 liv. 3 s. 6 d. $\frac{2}{3}$, que je pose au-dessous.

Reste maintenant à multiplier 3 liv. 10 s. 8 d. par 8 pouces; or, j'observe que 8 pouces sont le tiers de 2 pieds. Il faut donc, pour avoir le produit par 8 pouces, prendre le tiers de ce que nous venons de trouver pour 2 pieds; ce tiers est 7 s. 10 d. $\frac{2}{9}$, que je pose au-dessous des produits précédens; ajoutant maintenant tous les produits particls, et remarquant que $\frac{2}{3}$ sont la même chose que $\frac{6}{9}$ (64), on trouve pour résultat 63 l. 8 s. 0 d. $\frac{8}{9}$ de den.

~~~~~~

DE LA DIVISION DES NOMBRES COMPLEXES.

La division des nombres complexes présente trois cas :

1°. Le dividende seul est complexe, et le diviseur simple ;

2°. Le dividende est simple, et le diviseur est complexe ;

3° Le dividende et le diviseur sont tous les deux complexes.

Nous allons expliquer successivement, par des exemples, la manière d'opérer dans chacun de ces cas.

1ᵉʳ cas. 64 *livres de sucre ont coûté* 126 liv. 8 s. ; on demande *quel est le prix de la livre.*

Pour résoudre cette question, il est évident qu'il faut diviser 126 l. 8 s. par 64.

Opération.

$$\begin{array}{l|l} \text{126 l. 8 s.} & 64 \\ \quad\text{62} & \overline{\text{1 l. 19 s. 6 d.}} \\ \quad\text{20} \\ \hline \text{1248 s.} \\ \text{608} \\ \text{32} \\ \text{12} \\ \hline \text{384} \\ \text{000} \end{array}$$

Je divise d'abord 126 l. par 64, il vient 1 au quotient, avec un reste 62 ; ce reste 62 représente des livres ; je le multiplie par 20 pour le réduire en sous, et j'ai 1240. J'y ajoute les 8 s. du dividende, et il me vient

1248. s. à diviser par 64 ; je fais cette division, je trouve au quotient 19 s. , et j'ai un reste 32.

Je multiplie ce reste par 12, pour le réduire en deniers, et il me vient 384 d. , qui, divisés par 64, me donnent au quotient 6 d.

S'il y avait eu des deniers au dividende, on les aurait ajoutés aux 384, comme nous avons précédemment ajouté les 8 s. du dividende aux sous qui sont provenus de la réduction du reste des livres de ce dividende.

2° cas. *Un menuisier a reçu 352 l. pour le prix de 28 toises 2 pieds 8 pouces d'ouvrage, on demande quel est le prix de la toise ?*

Il est clair qu'ici il faut diviser 352 l. par 28 toises 2 pieds 8 pouces.

Dans ce cas, il faut, avant de faire la division, faire évanouir les parties de l'unité qui sont dans le diviseur ; on y parvient en le réduisant en unités de la plus petite espèce, et en multipliant le dividende par le nombre qui exprime combien de fois l'unité de la plus petite espèce est contenue. dans l'unité principale du diviseur. La raison en est facile à saisir. En effet, dans le cas dont il s'agit, la toise contient 6 pieds, le pied contient 12 pouces ; par conséquent la toise con-

tient 72 pouces; donc, si je réduisais le diviseur en pouces, et que je laissasse le dividende
tel qu'il est, le quotient marquerait le prix
du pouce; mais le prix de la toise est 72 fois
plus grand que celui du pouce. On l'obtien-
dra donc si on multiplie le dividende par 72,
et si on divise ensuite par le diviseur réduit
en pouces.

On peut encore faire évanouir les parties
de l'unité qui sont dans le diviseur, en multipliant le diviseur et le dividende par un
même nombre convenable, ce qui ne change
rien au quotient.

Ainsi, dans l'exemple dont il s'agit, je multiplie 28 toises 2 pieds 8 pouces par 3, nombre que je choisis, parce que 3 fois 8 pouces
font 2 pieds juste; et j'ai 85 toises 2 pieds,
produit dans lequel il n'y a plus de pouces;
je multiplie de nouveau ce produit par 3,
parce que 3 fois 2 pieds font une toise juste,
et j'ai 256 toises. Or, ce nombre 256 toises,
étant le produit de 28 toises 2 pieds 8 pouces,
multiplié successivement 2 fois de suite par 3,
est 3 fois 3 ou 9 fois plus grand que 28 toises
2 pieds 8 pouces. Conséquemment, si je le
prends pour diviseur, et si je veux obtenir le

véritable quotient, il faut que je rende le dividende 352 9 fois plus grand, c'est-à-dire que je le multiplie aussi par 9 ; faisant la multiplication, je trouve que ce dividende devient 3168 l.

La question revient donc à *diviser* 3168 l. par 256, ce qui rentre dans le cas précédent. Si on fait la division, on trouve que le prix de la toise est de 12 l. 7 s. 6 d.

3ᵉ cas. 438 *livres* 12 *onces de café ont coûté* 804 l. 7 s. 6 d. , *à combien revient la livre ?*

804 l. 7 s. 6 d. étant le prix de 438 livres 12 onces de café, il faut, pour avoir le prix de la livre, diviser cette somme par le nombre de livres de café. Pour y parvenir, il faut préalablement faire évanouir les parties de l'unité qui sont dans le diviseur ; pour cela, je multiplie par 4, parce que 4 fois 12 onces font 48 onces, ou 3 livres juste.

Le diviseur 438 livres 12 onces , ainsi multiplié, devient 1755.

Je multiplie également le dividende 804 l. 7 s. 6 d. par 4, et il devient 3217 l. 10 s.

La question devient donc celle-ci : *trouver le quotient de* 3217 l. 10 s. *par* 1755, laquelle rentre dans le premier cas.

Si l'on fait la division, on trouve que la livre de café a coûté 1 l. 16 s. 8 d.

Il arrive quelquefois que l'on est obligé, dans le 3ᵉ cas, de faire évanouir les parties de l'unité, tant dans le dividende, que dans le diviseur. Cela a lieu toutes les fois que les unités du quotient doivent être d'une nature différente que celle du dividende. Soit pour exemple proposé de résoudre cette question :

Un particulier veut employer 817 l. 15 s. 6 d. *en constructions de murs autour de son jardin; le maçon lui demande* 12 l. 9 s. 3 d. *de la toise; on demande combien il en fera de toises.*

Il est évident qu'il faut diviser 817 l. 15 s. 6 d. par 12 l. 9 s. 3 d. On y parviendra en réduisant le dividende et le diviseur en deniers, ce qui ne change rien au quotient.

La preuve de la division des nombres complexes se fait (58) en multipliant le diviseur par le quotient; ce qui doit reproduire le dividende. Comme nous avons précédemment indiqué la manière de faire, dans tous les cas, ces sortes de multiplications, nous ne nous y arrêterons point.

Nous avons donné, dans la première partie de ce traité, un grand nombre d'applications

des proportions les plus en usage dans le commerce ordinaire de la vie ; nous avons fait voir
que toute la difficulté consistait à établir la
proportion d'après l'état de la question. Il est
donc absolument inutile que nous reprenions
des applications des proportions, puisque chacun peut à son gré, et sans changer la nature
de la question, remplacer dans ces applications les nombres décimaux par des nombres
complexes, et faire ainsi des applications
multipliées et variées des règles que nous
venons de donner.pour les calculer.

VALEUR

DES NOUVELLES MESURES AVEC LES ANCIENNES.

De l'aune en mètres.

1 aune vaut	m.	c.m.			m.	c.m.
1 aune vaut	1	19	7 aunes valent	8	32
2	2	38	8		9	51
3	3	56	9		10	70
4	4	75	10		11	88
5	5	94	50		59	42
6	7	13	100		118	34

Ses fractions.

	c.m.	mm.			c.m.	mm.
1/2	59	4	1/3		39	6
1/4	29	7	1/6		19	8
1/8	14	8	1/12		09	9
1/16	07	4	1/24		05	0
1/32	03	7				

De la toise en mètres.

1 toise	m.	c.m.			m.	c.m.
1 toise	1	95	6 toises		11	69
2	3	90	7		13	64
3	5	85	8		15	59
4	7	80	9		17	54
5	9	74	10		19	49

Des pieds en décimètres.

1 pied	di.	c.i.			di.	c.i.
1 pied	3	25	7 pieds		22	74
2	6	50	8		25	99
3	9	75	9		29	24
4	12	99	10		32	49
5	16	24	11		35	74
6	19	49				

Des pouces en centimètres.

	c.i.	mm.			c.i.	mm.
1 pouce vaut	2	7	7 pouces valent		18	9
2	5	4	8		21	7
3	8	1	9		24	4
4	10	8	10		27	1
5	13	5	11		29	8
6	16	2				

Des lignes en millimètres.

	mill.			mill.
1 ligne	2	7 lignes		16
2	5	8		18
3	7	9		20
4	9	10		23
5	11	11		25
6	14			

De l'arpent de Paris, contenant 100 perches (et la perche 18 pieds), en hectares, ares et centiares.

	h.a.	are.	c.a.		h.a.	are.	c.a.
1 arpent		34	19	7 arpens	2	39	32
2		68	38	8	2	73	51
3	1	02	57	9	3	07	70
4	1	36	75	10	3	41	89
5	1	70	94	50	17	09	43
6	2	05	13	100	34	18	87

		are.	c.a.			are.	c.a.
1 perche			34	5 perches		01	71
2			68	10		03	42
3		01	03	25		08	55
4		01	37	50		17	09

Arpent de 20 pieds pour perche.

	h.a.	are.	c.a.		h.a.	are.	c.a.
1 arpent	0	42	21	5 arpens	2	11	04
2	0	84	42	10	4	22	08
3	1	26	62	50	21	10	41
4	1	68	83	100	42	20	83

Arpent de 22 pieds pour perche.

	h.a.	a.	c.a.		h.a.	a.	c.a.
1 arp. vaut	0	51	07	5 arp. val.	2	55	36
2	1	02	14	10	5	10	72
3	1	53	22	50	25	53	60
4	2	04	29	100	51	07	20

Acre commune de Normandie, composée de 160 perches, et la perche de 22 pieds.

	h.a.	a.	c.a.		h.a.	a.	c.a.
1 acre	0	81	71	10 acres	8	17	10

Lieues de poste ou de 2000 toises, en myriamètres, kilomètres et hectomètres.

	my.m.	k.m.	h.m.		my.m.	k.m.	h.m.
1 lieue	0	3	9	7 lieues	2	7	3
2	0	7	8	8	3	1	2
3	1	1	7	9	3	5	1
4	1	5	6	10	3	9	0
5	1	9	5	1/4 de lieue	0	1	0
6	2	3	5	1/2 lieue	0	1	9

Lieues de 25 au degré.

	m.y.m.	k.m.	h.m.		my.m.	k.m.	h.m.
1 lieue	0	4	4	7 lieues	3	1	1
2	0	8	9	8	3	5	6
3	1	3	3	9	4	0	0
4	1	7	8	10	4	4	4
5	2	2	2	1/4 de lieue	0	1	1
6	2	6	7	1/2 lieue	0	2	3

Des livres poids de marc en kilogrammes.

	kilog.	h.g.	g.		kilog.	h.g.	g.
1 livre	0	4	89	6 livres	2	9	37
2	0	9	79	7	3	4	26
3	1	4	68	8	3	9	16
4	1	9	58	9	4	4	06
5	2	4	47	10	4	8	95

Des onces en décagrammes.

	d.a.	d.i.		d.a.	d.i.
1 once vaut	3	06	6 onces valent	18	36
2	6	12	7	21	42
3	9	18	8	24	48
4	12	24	9	27	53
5	15	30	10	30	59

Des gros en grammes.

	gr.	c.i.		gr.	c.i.
1 gros	3	82	5 gros	19	12
2	7	65	6	22	95
3	11	47	7	26	77
4	15	30			

Des grains en décigrammes.

	d.i.	m.g.		d.i.	m.g.
1 grain	0	53	6 grains	3	19
2	1	06	7	3	72
3	1	59	8	4	25
4	2	12	9	4	78
5	2	66	10	5	31

Des pintes de Paris en litres.

	lit.	ci.l.		lit.	ci.l.
1 pinte	0	93	6 pintes	5	59
2	1	86	7	6	52
3	2	79	8	7	45
4	3	73	9	8	38
5	4	66	10	9	31

Des boisseaux de Paris en hectolitres, litres et centilitres.

	h.o.	lit.	c.i.		h.o.	lit.	c.i.
1 boisseau	0	13	01	7 boisseaux	0	91	06
2	0	26	02	8	1	04	07
3	0	39	03	9	1	17	07
4	0	52	03	10	1	30	08
5	0	65	04	11	1	43	09
6	0	78	05	12 ou 1 setier	1	56	10

	h.o.	lit.	c.i.		h.o.	lit.	c.i.
1 litron vaut	o	o	81	8 litrons val.	o	6	50
4		o	3	25			

Voies de bois de Paris en stères.

	st.	c.i.		st.	c.i.
1 voie	1	92	6 voies	11	52
2 ou une corde	3	84	7	13	44
3	5	76	8	15	36
4	7	68	9	17	28
5	9	60	10	19	19

TABLEAU COMPARATIF DES SOUS ET DENIERS EN CENTIMES.

	c.		c.
1 denier	o	7 deniers	3
2	1	8	3
3	1	9	4
4	2	10	4
5	2	11	5
6	3	12	5

	c.		c.
1 sou	5	11 sous	55
2	10	12	60
3	15	13	65
4	20	14	70
5	25	15	75
6	30	16	80
7	35	17	85
8	40	18	90
9	45	19	95
10	50	20 sous ou 1 franc	100

RAPPORT DE LA LIVRE TOURNOIS AU FRANC, DEPUIS UNE LIVRE JUSQU'A MILLE FRANCS.

	fr.	c.		fr.	c.
1 livre	o	99	4 livres	3	95
2	1	98	5	4	94
3	2	96	6	5	93

livres valent	fr.	c.	livres valent	fr.	c.
7 livres valent	6	91	47 livres valent	46	42
8	7	90	48	47	41
9	8	89	49	48	40
10	9	88	50	49	38
11	10	86	51	50	37
12	11	89	52	51	36
13	12	84	53	52	35
14	13	83	54	53	33
15	14	81	55	54	32
16	15	80	56	55	31
17	16	79	57	56	30
18	17	78	58	57	28
19	18	77	59	58	27
20	19	75	60	59	26
21	20	74	61	60	25
22	21	73	62	61	23
23	22	72	63	62	22
24	23	70	64	63	21
25	24	69	65	64	20
26	25	68	66	65	19
27	26	67	67	66	17
28	27	65	68	67	16
29	28	64	69	68	15
30	29	63	70	69	14
31	30	62	71	70	12
32	31	60	72	71	11
33	32	59	73	72	10
34	33	58	74	73	09
35	34	57	75	74	07
36	35	56	76	75	06
37	36	54	77	76	05
38	37	53	78	77	04
39	38	52	79	78	02
40	39	51	80	79	01
41	40	49	81	80	00
42	41	48	82	80	99
43	42	47	83	81	98
44	43	46	84	82	96
45	44	44	85	83	95
46	45	43	86	84	94

	fr.	c.			fr.	c.
87 livres valent	85	93		97 liv. valent	95	80
88	86	91		98	96	79
89	87	90		99	97	78
90	88	89		100	98	77
91	89	88		200	197	55
92	90	86		300	296	30
93	91	85		400	395	06
94	92	84		500	493	83
95	93	83		1000	987	65
96	94	81				

RAPPORT DU FRANC A LA LIVRE TOURNOIS.

	liv.	s.	d.			liv.	s.	d.
1 franc	1	0	3		27 francs	27	6	9
2	2	0	6		28	28	7	0
3	3	0	9		29	29	7	3
4	4	1	0		30	30	7	6
5	5	1	3		31	31	7	9
6	6	1	6		32	32	8	0
7	7	1	9		33	33	8	3
8	8	2	0		34	34	8	6
9	9	2	3		35	35	8	9
10	10	2	6		36	36	9	0
11	11	2	9		37	37	9	3
12	12	3	0		38	38	9	6
13	13	3	3		39	39	9	9
14	14	3	6		40	40	10	0
15	15	3	9		41	41	10	3
16	16	4	0		42	42	10	6
17	17	4	3		43	43	10	9
18	18	4	6		44	44	11	0
19	19	4	9		45	45	11	3
20	20	5	0		46	46	11	6
21	21	5	3		47	47	11	9
22	22	5	6		48	48	12	0
23	23	5	9		49	49	12	3
24	24	6	0		50	50	12	6
25	25	6	3		60	60	15	0
26	26	6	6		70	70	17	6

	liv.	s.	d.		liv.	s.	d.
80 fr. val.	81	0	0	300 fr. val.	303	15	0
90	91	2	6	400	405	0	0
100	101	5	0	500	506	5	0
200	202	10	0	1000	1012	10	0

TABLE DE LA VALEUR DES PIÈCES DE TROIS ET SIX LIVRES EN FRANCS.

De trois livres.			De six livres.		
	fr.	c.		fr.	c.
1 pièce	2	75	1 pièce	5	80
2	5	50	2	11	60
3	8	25	3	17	40
4	11	00	4	23	20
5	13	75	5	29	00
6	16	50	6	34	80
7	19	25	7	40	60
8	22	00	8	46	40
9	24	75	9	52	20
10	27	50	10	58	00
11	30	25	11	63	80
12	33	00	12	69	60
13	35	75	13	75	40
14	38	50	14	81	20
15	41	25	15	87	00
16	44	00	16	92	80
17	46	75	17	98	60
18	49	50	18	104	40
19	52	25	19	110	20
20	55	00	20	116	00
25	68	75	25	145	00
30	82	50	30	174	00
35	96	25	35	203	00
40	110	00	40	232	00
45	123	75	45	261	00
50	137	50	50	200	00
55	151	25	55	319	00
60	165	00	60	348	00
70	192	50	70	406	00

	fr.	c.		fr.	c.
80 pièces val.	220	00	80 pièces val.	464	00
90	247	50	90	522	00
100	275	00	100	580	00
200	550	00	200	1,160	00
300	825	00	300	1,740	00
400	1,100	00	400	2,320	00
500	1,375	00	500	2,900	00
1000	2,750	00	1000	5,800	00

TABLE DE LA VALEUR DES PIÈCES DE VINGT—QUATRE ET DE QUARANTE-HUIT LIVRES EN FRANCS.

De vingt-quatre livres.			De quarante-huit livres.		
	fr.	c.		fr.	c.
1 pièce	23	55	1 pièce	47	20
2	47	10	2	94	40
3	70	65	3	141	60
4	94	20	4	188	80
5	117	75	5	236	00
6	141	30	6	283	20
7	164	85	7	330	40
8	188	40	8	377	60
9	211	95	9	424	80
10	235	50	10	472	00
11	259	05	11	519	20
12	282	60	12	566	40
13	306	15	13	613	60
14	329	70	14	660	80
15	353	25	15	708	00
16	376	80	16	755	20
17	400	35	17	802	40
18	423	90	18	849	60
19	447	45	19	896	80
20	471	00	20	944	00
25	588	75	25	1,180	00
30	706	50	30	1,416	00
35	824	25	35	1,652	00
40	942	00	40	1,888	00

	fr.	c.		fr.	c.
45 pièc. val.	1,059	75	45 pièc. val.	2,124	00
50	1,177	50	50	2,360	00
55	1,295	25	55	2,596	00
60	1,413	00	60	2,832	00
70	1,648	50	70	3,304	00
80	1,884	00	80	3,776	00
90	2,119	50	90	4,248	00
100	2,355	00	100	4,720	00
200	4,710	00	200	9,440	00
300	7,065	00	300	14,160	00
400	9,420	00	400	18,880	00
500	11,775	00	500	23,600	00
1000	23,550	00	1000	47,200	00

TABLEAU

DE LA DÉPRÉCIATION DU PAPIER-MONNAIE,

Depuis le 1ᵉʳ janvier 1790 jusqu'au 30 fructidor an 4 (16 septembre 1796.)

Le louis d'or de 24 livres a été vendu en assignats , savoir :

	liv.	s.		liv.	s.
1 janvier 1790	25	2	1 avril 1791	26	10
1 février	24	16	1 mai	26	15
1 mars	25		1 juin	28	5
1 avril	25	6	1 juillet	28	
1 mai	25	10	1 août	29	5
1 juin	25	10	1 septembre	29	15
1 juillet	25		1 octobre	29	11
1 août	25	1	1 novembre	29	5
1 septembre	25	10	1 décembre	31	6
1 octobre	25	6	1 janvier 1792	35	5
1 novembre	26	9	1 février	38	
1 décembre	26	10	1 mars	45	6
1 janvier 1791	26	3	1 avril	44	12
1 février	26	4	1 mai	40	16
1 mars	26	6	1 juin	43	6

	liv.	s.		liv.	s.
1 juillet 1792	40		30 germ. an 3	218	
1 août	40		1 floréal	229	
1 septembre	41	10	5	238	
1 octobre	39	12	10	275	
1 novembre	34	10	15	329	
1 décembre	34	15	20	363	
1 janvier 1793	38	1	25	346	
1 février	43	16	30	399	
1 mars	43		1 prairial	399	
1 avril	48		5	399	
1 mai	55		10	415	
1 juin	61		15	474	
1 juillet	72	5	20	580	
1 août	75		25	876	
1 septembre	76		30	811	
1 octobre	83		1 messidor	893	
1 novembre	81		5	661	
1 décembre	55		10	758	
1 janvier 1794	46	10	15	745	
1 février	59	6	20	740	
1 mars	58		25	717	
1 avril	66	10	30	755	
1 mai	66	15	1 thermidor	755	
1 juin	71		5	787	
1 juillet	80		10	805	
1 août	72		15	803	
1 vendém. an 3	81		20	790	
1 brumaire	92		25	830	
1 frimaire	96		30	865	
1 nivôse	115		1 fructidor	883	
1 pluviôse	128	10	5	930	
1 ventôse	134	10	10	985	
25	172		15	1105	
30	200		20	1115	
1 germinal	204		25	1163	
5	200		30	1169	
10	224		1 jour compl.	1165	
15	206		6 j. compl.	1193	
20	221		1 vend. an 4	1200	
25	204		5	1145	

	liv.	s.		liv.	s.
10 vend. an 4.	1210		5 ventôse	7550	
15	1198		10	7300	
20	1315		15	7562	
25	1705		20	6975	
30	1695		25	7100	
1 brumaire	1685		30	5650	
5	2376		1 germinal	6200	
10	2600		5	6100	
15	3045		10	5800	
20	3285		15	5950	
25	3109		20	3800	
30	3315		25	5900	
1 frimaire	3400		30	5650	
5	3035		1 floréal	6025	
10	3565		5	5950	
15	4355		10	6350	
20	3785		15	7025	
25	4216		20	7750	
30	5200		25	8300	
1 nivôse	5485		30	8650	
5	5538		1 prairial	9150	
10	4385		5	10875	
15	5745		6	12000	
20	5525		7	12300	
25	5068		8	12350	
30	5435		10	11800	
1 pluviôse	5525		14	12425	
5	5337		15	14775	
10	5225		16	17125	
15	5445		17	17950	
20	6025		18	17350	
25	6485		19	13100	
30	6715		20	8260	
1 ventôse	7010				

Mandats échangés contre des assignats au-dessus de cent livres, à trente capitaux.

100 livres de mandats ont été vendus en argent, savoir :

	liv.	s.		liv.	s.
1 germ. an 4	34	10	6 messidor an 4	6	10
3	35		9	7	12
6	32		12	7	10
9	27		15	7	5
12	25		18	6	7
15	14		21	6	18
18	20		24	6	15
21	20	15	27	5	11
24	18	15	30	5	8
27	18		1 thermidor	5	2
30	16	5	3	4	13
1 floréal	15	5	6	5	12
3	15	15	9	3	18
6	15		12	3	6
9	12	15	15	2	7
13	13	10	18	2	14
15	13	12	21	1	11
18	14	5	24	2	4
21	12	5	26	2	
24	12		30	2	16
26	11	16	1 fructidor	3	9
30	11	13	3	2	18
1 prairial	12		6	2	11
3	11		8	3	2
5	9	15	12	2	10
9	7	5	15	2	14
12	7	4	18	3	5
14	6	8	21	3	17
18	4	8	24	5	2
20	10	15	26	6	5
23	8	15	28	4	15
26	8	12	30	3	18
30	8	7	1 jour compl.	4	15
1 messidor	7	18	4	4	1
3	7	10			

~~~~~~

CONCORDANCE DES CALENDRIERS

RÉPUBLICAIN ET GRÉGORIEN,

Depuis 1793 jusques et compris l'an 22.

Nota. Le Calendrier républicain a été créé par les décrets de la Convention du 5 octobre 1793, du 1er jour du 2e mois et du 4 frimaire de l'an 2, et fut aboli par le sénatus-consulte du 22 fructidor an 13, à partir du 11 nivôse an 14 (1er janvier 1806).

An 2.	1793.
1 vendém.	22 sept.
15 *id.*	6 octob.
1 brumaire.	22 *id.*
15 *id.*	5 novem.
1 frimaire.	21 *id.*
15 *id.*	5 décem.
1 nivôse.	21 *id.*

An 2.	1794.
15 nivôse.	4 janvier.
1 pluviôse.	20 *id.*
15 *id.*	3 février.
1 ventôse.	19 *id.*
15 *id.*	5 mars.
1 germinal.	21 *id.*
15 *id.*	4 avril.
1 floréal.	20 *id.*
15 *id.*	4 mai.
1 prairial.	20 *id.*
15 *id.*	3 juin.
1 messidor.	19 *id.*
15 *id.*	3 juillet.
1 thermid.	19 *id.*

15 thermid.	2 août.
1 fructidor.	18 *id.*
15 *id.*	1 sept.
5 j. compl.	21 *id.*

An 3.	1794.
1 vendém.	22 sept.
15 *id.*	6 octob.
1 brumaire.	22 *id.*
15 *id.*	5 novem.
1 frimaire.	21 *id.*
15 *id.*	5 décem.
1 nivôse.	21 *id.*

An 3.	1795.
15 nivôse.	4 janvier.
1 pluviôse.	20 *id.*
15 *id.*	3 février.
1 ventôse.	19 *id.*
15 *id.*	5 mars.
1 germinal.	20 *id.*
15 *id.*	4 avril.
1 floréal.	20 *id.*
15 *id.*	4 mai.
1 prairial.	20 *id.*

15 prairial	3 juin;
1 messidor.	19 id.
15 id.	3 juillet.
1 thermid.	19 id.
15 id.	1 sept.
6 j. compl.	22 id.

An 4. 1795.

1 vendém.	23 sept.
15 id.	7 octob.
1 brumaire.	23 id.
15 id.	6 novem.
1 frimaire.	22 id.
15 id.	6 décem.
1 nivôse.	22 id.

An 4. 1796.

15 nivôse.	5 janvier.
1 pluviôse.	21 id.
15 id.	4 février.
1 ventôse.	20 id.
15 id.	5 mars.
1 germinal.	21 id.
15 id.	4 avril.
1 floréal.	20 id.
15 id.	4 mai.
1 prairial.	20 id.
15 id.	3 juin.
1 messidor.	19 id.
15 id.	3 juillet.
1 thermid.	19 id.
15 id.	2 août.
1 fructidor.	18 id.
15 id.	1 sept.
5 j. compl.	21 id.

An. 5. 1796.

1 vendém.	22 sept.
15 id.	6 octob.
1 brumaire	22 id.

15 brumaire	5 novem.
1 frimaire	21 id.
15 id.	5 décem.
1 nivôse.	21 id.

An 5. 1797.

15 nivôse.	4 janvier.
1 pluviôse.	20 id.
15 id.	3 février.
1 ventôse.	19 id.
15 id.	5 mars.
1 germinal.	21 id.
15 id.	4 avril.
1 floréal.	21 id.
15 id.	4 mai.
1 prairial.	20 id.
15 id.	3 juin.
1 messidor.	19 id.
15 id.	3 juillet.
1 thermid.	19 id.
15 id.	2 août.
1 fructidor.	18 id.
15 id.	1 sept.
5 j. compl.	21 id.

An 6. 1797.

1 vendém.	22 sept.
15 id.	6 octob.
1 brumaire.	22 id.
15 id.	5 novem.
1 frimaire	21 id.
15 id.	5 décem.
1 nivôse.	21 id.

An 6. 1798.

15 nivôse.	4 janvier.
1 pluviôse.	20 id.
15 id.	3 février.
1 ventôse.	19 id.
15 id.	5 mars.

1 germinal.	21 mars.
15 *id.*	4 avril.
1 floréal.	20 *id.*
15 *id.*	4 mai.
1 prairial.	20 *id.*
15 *id.*	3 juin.
1 messidor.	19 *id.*
15 *id.*	3 juillet.
1 thermid.	19 *id.*
15 *id.*	2 août.
1 fructidor.	18 *id.*
15 *id.*	31 *id.*
1 j. compl.	17 sept.
5 *id.*	21 *id.*

An 7.   1798.

1 vendém.	22 sept.
15 *id.*	6 octob.
1 brumaire.	22 *id.*
15 *id.*	5 novem.
1 frimaire.	21 *id.*
15 *id.*	5 décemb.
1 nivôse.	21 *id.*

An 7.   1799.

15 nivôse.	4 janvier.
1 pluviôse.	20 *id.*
15 *id.*	3 février.
1 ventôse.	19 *id.*
15 *id.*	5 mars.
1 germinal.	21 *id.*
15 *id.*	4 avril.
1 floréal.	20 *id.*
15 *id.*	4 mai.
1 prairial.	20 *id.*
15 *id.*	3 juin.
1 messidor.	19 *id.*
15 *id.*	3 juillet.
1 thermid.	19 *id.*
15 *id.*	2 août.

1 fructidor.	18 août.
15 *id.*	1 sept.
1 j. compl.	17 *id.*
6 *id.*	22 *id.*

An 8.   1799.

1 vendém.	23 sept.
15 *id.*	7 octob.
1 brumaire.	23 *id.*
15 *id.*	6 novem.
1 frimaire.	22 *id.*
15 *id.*	6 décem.
1 nivôse.	22 *id.*

An 8.   1800.

15 nivôse.	3 janvier.
1 pluviôse.	21 *id.*
15 *id.*	4 février.
1 ventôse.	20 *id.*
15 *id.*	6 mars.
1 germinal.	22 *id.*
15 *id.*	5 avril.
1 floréal.	21 *id.*
15 *id.*	5 mai.
1 prairial.	21 *id.*
15 *id.*	4 juin.
1 messidor.	20 *id.*
15 *id.*	4 juillet.
1 thermidr	20 *id.*
15 *id.*	3 août.
1 fructidor.	19 *id.*
15 *id.*	2 sept.
1 j. compl.	18 *id.*
5 *id.*	22 *id.*

An 9.   1800.

1 vendém.	23 sept.
15 *id.*	7 octob.
1 brumaire.	23 *id.*
15 *id.*	6 novem.

1 frimaire.	22 novemb.	1 germinal.	22 mars.
15 id.	6 décem.	15 id.	5 avril.
1 nivôse.	22 id.	1 floréal.	21 id.
		15 id.	5 mai.

An 9. 1801.

15 nivôse.	5 janvier.	1 prairial.	21 id.
1 pluviôse.	21 id.	15 id.	4 juin.
15 id.	4 février.	1 messidor.	20 id.
1 ventôse.	20 id.	15 id.	4 juillet.
15 id.	6 mars.	1 thermid.	20 id.
1 germinal.	22 id.	15 id.	3 août.
15 id.	5 avril.	1 fructidor.	19 id.
1 floréal.	21 id.	15 id.	2 sept.
15 id.	5 mai.	1 j. compl.	18 id.
1 prairial.	21 id.	5 id.	22 id.
15 id.	4 juin.		

An 11. 1802.

1 messidor.	20 id.	1 vendém.	23 sept.
15 id.	4 juillet.	15 id.	7 octob.
1 thermid.	20 id.	1 brumaire.	22 id.
15 id.	3 août.	15 id.	6 novem.
1 fructidor.	19 id.	1 frimaire.	23 id.
15 id.	2 sept.	15 id.	6 décem.
1 j. compl.	18 id.	1 nivôse.	22 id.
5 id.	22 id.		

An 10. 1801. / *An* 11. 1803.

1 vendém.	23 sept.	15 nivôse.	5 janvier.
15 id.	7 oct.	1 pluviôse.	21 id.
1 brumaire.	23 id.	15 id.	4 février.
15 id.	6 nivôse.	1 ventôse.	20 id.
1 frimaire.	22 id.	15 id.	6 mars.
15 id.	6 décem.	1 germinal.	22 id.
1 nivôse.	22 id.	15 id.	5 avril.
		1 floréal.	21 id.

An 10. 1802.

15 nivôse.	5 janvier.	15 id.	5 mai.
1 pluviôse.	21 id.	1 prairial.	21 id.
15 id.	4 février.	15 id.	4 juin.
1 ventôse.	20 id.	1 messidor.	20 id.
15 id.	6 mars.	15 id.	4 juillet.
		1 thermid.	20 id.
		15 id.	3 août.

1 fructidor.	19 août.
15 id.	2 sept.
1 j. compl.	18 id.
6 id.	23 id.

An 12.   **1803.**

1 vendém.	24 sept.
15 id.	8 octob.
1 brumaire.	24 id.
15 id.	8 novem.
1 frimaire.	23 id.
15 id.	7 décem.
1 nivôse.	23 id.

An 12.   **1804.**

15 nivôse.	6 janvier.
1 pluviôse.	22 id.
15 id.	5 février.
1 ventôse.	21 id.
15 id.	6 mars.
1 germinal.	22 id.
15 id.	5 avril.
1 floréal.	21 id.
15 id.	5 mai.
1 prairial.	21 id.
15 id.	4 juin.
1 messidor.	20 id.
15 id.	4 juillet.
1 thermidor.	20 id.
15 id.	3 août.
1 fructidor.	19 id.
15 id.	2 sept.
1 j. compl.	18 id.
5 id.	22 id.

An 13.   **1804.**

1 vendém.	23 sept.
15 id.	7 octob.
1 brumaire.	23 id.
15 id.	6 novem.

1 frimaire.	22 novem.
15 id.	6 décem.
1 nivôse.	22 id.

An 13.   **1805.**

15 nivôse.	5 janvier.
1 pluviôse.	21 id.
15 id.	4 février.
1 ventôse.	20 id.
15 id.	6 mars.
1 germinal.	22 id.
15 id.	5 avril.
1 floréal.	21 id.
15 id.	5 mai.
1 prairial.	21 id.
15 id.	4 juin.
1 messidor.	20 id.
15 id.	4 juillet.
1 thermid.	20 id.
15 id.	3 août.
1 fructidor.	19 id.
15 id.	2 sept.
1 j. compl.	18 id.
5 id.	22 id.

An 14.   **1805.**

1 vendém.	23 sept.
15 id.	7 octob.
1 brumaire.	23 id.
15 id.	6 novem.
1 frimaire.	22 id.
15 id.	6 décem.
1 nivôse.	22 id.

An 14.   **1806.**

15 nivôse.	5 janvier.
1 pluviôse.	21 id.
15 id.	4 février.
1 ventôse.	20 id.
15 id.	6 mars.

1 germinal.	22 mars.
15 *id.*	5 avril.
1 floréal.	21 *id.*
15 *id.*	5 mai.
1 prairial.	21 *id.*
15 *id.*	4 juin.
1 messidor.	20 *id.*
15 *id.*	4 juillet.
1 thermid.	20 *id.*
15 *id.*	3 août.
1 fructidor.	19 *id.*
15 *id.*	2 sept.
1 j. compl.	18 *id.*
5 *id.*	22 *id.*

An 15. 1806.

1 vendém.	23 sept.
15 *id.*	7 octob.
1 brumaire.	23 *id.*
15 *id.*	6 novemb.
1 frimaire.	22 *id.*
15 *id.*	6 décemb.
1 nivôse.	22 *id.*

An 15. 1807.

15 nivôse.	5 janvier.
1 pluviôse.	21 *id.*
15 *id.*	4 février.
1 ventôse.	20 *id.*
15 *id.*	6 mars.
1 germinal.	22 *id.*
15 *id.*	5 avril.
1 floréal.	21 *id.*
15 *id.*	5 mai.
1 prairial.	21 *id.*
15 *id.*	4 juin.
1 messidor.	20 *id.*
15 *id.*	4 juillet.
1 thermid.	19 *id.*
15 *id.*	2 sept.

1 j. compl.	18 sept.
6 *id.*	23 *id.*

An 16. 1807.

1 vendém.	24 sept.
15 *id.*	8 octob.
1 brumaire.	24 *id.*
15 *id.*	7 novem.
1 frimaire.	23 *id.*
15 *id.*	7 décem.
1 nivôse.	23 *id.*

An 16. 1808.

15 nivôse.	6 janvier.
1 pluviôse.	22 *id.*
15 *id.*	5 février.
1 ventôse.	21 *id.*
15 *id.*	6 mars.
1 germinal.	22 *id.*
15 *id.*	5 avril.
1 floréal.	21 *id.*
15 *id.*	5 mai.
1 prairial.	21 *id.*
15 *id.*	4 juin.
1 messidor.	20 *id.*
15 *id.*	4 juillet.
1 thermid.	20 *id.*
15 *id.*	3 août.
1 fructidor.	19 *id.*
15 *id.*	2 sept.
1 j. compl.	18 *id.*
5 *id.*	22 *id.*

An 17. 1808.

1 vendém.	23 sept.
15 *id.*	7 octob.
1 brumaire.	23 *id.*
15 *id.*	6 novem.
1 frimaire.	22 *id.*

15 frimaire.	6 décem.	15 germinal.	5 avril.
1 nivôse.	22 id.	1 floréal.	21 id.
An 17.	**1809.**	15 id.	5 mai.
15 nivôse.	6 janvier.	1 prairial.	21 id.
1 pluviôse.	21 id.	15 id.	4 juin.
15 id.	4 février.	1 messidor.	20 id.
1 ventôse.	20 id.	15 id.	4 juillet.
15 id.	6 mars.	1 thermid.	20 id.
1 germinal.	22 id.	15 id.	3 août.
15 id.	5 avril.	1 fructidor.	19 id.
1 floréal.	21 id.	15 id.	2 sept.
15 id.	5 mai.	1 j. compl.	18 id.
1 prairial.	21 id.	5 id.	22 id.
15 id.	4 juin.	**An 19.**	**1810.**
1 messidor.	20 id.	1 vendém.	23 sept.
15 id.	4 juillet.	15 id.	7 octob.
1 thermidor.	20 id.	1 brumaire.	23 id.
15 id.	5 août.	15 id.	6 novem.
1 fructidor.	19 id.	1 frimaire.	22 id.
15 id.	2 sept.	15 id.	6 décem.
1 j. compl.	18 id.	1 nivôse.	22 id.
5 id.	22 id.	**An 19.**	**1811.**
An 18.	**1809.**	15 nivôse.	5 janvier.
1 vendém.	23 sept.	1 pluviôse.	21 id.
15 id.	7 octob.	15 id.	4 février.
1 brumaire.	23 id.	1 ventôse.	20 id.
15 id.	6 novem.	15 id.	6 mars.
1 frimaire.	22 id.	1 germinal.	22 id.
15 id.	6 décem.	15 id.	5 avril.
1 nivôse.	22 id.	1 floréal.	21 id.
An 18.	**1810.**	15 id.	5 mai.
15 nivôse.	5 janvier.	1 prairial.	21 id.
1 pluviôse.	21 id.	15 id.	5 juin.
15 id.	4 février.	1 messidor.	20 id.
1 ventôse.	20 id.	15 id.	4 juillet.
15 id.	6 mars.	1 thermid.	20 id.
1 germinal.	22 id.	15 id.	3 août.
		1 fructidor.	19 id.

15 fructidor. 2 sept.
1 j. compl. 18 *id.*
6 *id.* 23 *id.*

An 20. 1811.

1 vendém. 24 sept.
15 *id.* 8 oct.
1 brumaire. 24 *id.*
15 *id.* 7 novemb.
1 frimaire. 23 *id.*
15 *id.* 7 décem.
1 nivôse. 23 *id.*

An 20. 1812.

15 nivôse. 6 janvier.
1 pluviôse. 22 *id.*
15 *id.* 5 février.
1 ventôse. 21 *id.*
15 *id.* 6 mars.
1 germinal. 22 *id.*
15 *id.* 5 avril.
1 floréal. 21 *id.*
15 *id.* 5 mai.
1 prairial. 21 *id.*
15 *id.* 4 juin.
1 messidor. 20 *id.*
15 *id.* 4 juillet.
1 thermid. 20 *id.*
15 *id.* 3 août.
1 fructidor. 19 *id.*
15 *id.* 2 sept.
1 j. compl. 18 *id.*
5 *id.* 22 *id.*

An 21. 1812.

1 vendém. 23 sept.
15 *id.* 7 octob.
1 brumaire. 23 *id.*
15 *id.* 6 novem.
1 frimaire. 22 *id.*

15 frimaire. 6 décem.
1 nivôse. 22 *id.*

An 21. 1813.

15 nivôse. 5 janvier.
1 pluviôse. 21 *id.*
15 *id.* 4 février.
1 ventôse. 20 *id.*
15 *id.* 6 mars.
1 germinal. 22 *id.*
15 *id.* 5 avril.
1 floréal. 21 *id.*
15 *id.* 5 mai.
1 prairial. 21 *id.*
15 *id.* 4 juin.
1 messidor. 20 *id.*
15 *id.* 4 juillet.
1 thermid. 20 *id.*
15 *id.* 3 août.
1 fructidor. 19 *id.*
15 *id.* 2 sept.
1 j. compl. 18 *id.*
5 *id.* 22 *id.*

An 22. 1813.

1 vendém. 23 sept.
15 *id.* 7 octob.
1 brumaire. 23 *id.*
15 *id.* 6 novem.
1 frimaire. 22 *id.*
15 *id.* 6 décem.
1 nivôse. 22 *id.*

An 22. 1814.

15 nivôse. 5 janvier.
1 pluviôse. 21 *id.*
15 *id.* 4 février.
1 ventôse. 20 *id.*
15 *id.* 6 mars.

22

1 germinal.	22 mars.	15 messidor.	4 juillet.
15 *id.*	5 avril.	1 thermid.	20 *id.*
1 floréal.	21 *id.*	15 *id.*	3 août.
15 *id.*	5 mai.	1 fructidor.	19 *id.*
1 prairial.	21 *id.*	15 *id.*	2 sept.
15 *id.*	4 juin.	1 j. compl.	18 *id.*
1 messidor.	20 *id.*	5 *id.*	22 sept.

MODÈLES

DE PÉTITIONS, PROMESSES, BAUX, MÉMOIRES, FAC-
TURES, LETTRES DE VOITURE, BILLETS A ORDRE,
LETTRES DE CHANGE, LETTRES DE COMMERCE, etc.

PÉTITION POUR ACCÉLÉRER LE JUGEMENT D'UN PROCÈS.

A Son Excellence Monseigneur le Garde des Sceaux, Ministre de la Justice.

MONSEIGNEUR,

Depuis plus d'un an le soussigné A...... éprouve, de la part du tribunal civil de..... département de..... des remises de huitaine en huitaine d'une cause pendante devant les juges. Ces retards de jugement lui sont très-préjudiciables ; c'est pourquoi il porte ses justes plaintes auprès de Votre Excellence, et la prie instamment de vouloir bien ordonner au procureur du Roi près ledit tribunal, que, d'après son réquisitoire, la cause soit définitivement appelée et jugée.

Il a l'honneur d'être, de Votre Excellence, le très-respectueux serviteur.

A.....

PÉTITION POUR RÉDUCTION DU DROIT PROPORTIONNEL DE LA PATENTE.

A M. le Conseiller d'État, Préfet du départiment de la Seine.

Le soussigné N...., marchand à Paris, rue de la Harpe, n° oo, quartier de l'École de Médecine, expose que, pour sa patente de 1821, dont le droit fixe est de 100 fr., il vient d'être taxé par erreur, d'après une location de 700 fr., tandis qu'elle n'est que de 550 fr. ; par conséquent son droit proportionnel ne devait être que de 55 fr., et non de 70 fr., comme le porte l'avertissement.

C'est pourquoi le soussigné demande à M. le Conseiller d'État, Préfet, d'être réduit, pour son droit proportionnel, sur le pied de 550 fr.

Salut et respect.

N....

PÉTITION POUR OBTENIR UNE RÉDUCTION DE LA CONTRIBUTION FONCIÈRE.

A M. le Conseiller d'État, Préfet, etc.

Expose le soussigné qu'il est porté sur le rôle de la contribution foncière à la somme de 1500 francs, à cause de trois maisons dont il est propriétaire dans la commune de....., que, depuis dix-huit mois, un grand nombre d'appartemens dans ces maisons n'ont point été loués.

En conséquence, il invite M. le Conseiller d'État, Préfet de la Seine, de vouloir bien prendre en considération cette non-location, qui cause au propriétaire soussigné un dommage réel, et de vouloir bien ordonner une diminution dans la somme de 1500 francs à laquelle il est taxé pour sa contribution foncière de l'année....

Salut et respect,

R....

PROMESSE SIMPLE.

Je soussigné D...., reconnais devoir et promets payer à M. N...., le 8 octobre prochain, la somme de...., valeur reçue comptant. Paris, ce 8 janvier 1821.

D....

PROMESSE SOLIDAIRE.

Nous soussignés L.... et H..... promettons payer solidairement l'un pour l'autre, un seul pour le tout, le 9 septembre prochain, à M. H...., cultivateur

à......, la somme de......., valeur reçue comptant.
A....., ce 8 mai 1821.

L.... H....

PROMESSE SOLIDAIRE DE DEUX ÉPOUX.

Nous soussignés G......, et B....., mon épouse,
que j'autorise à l'effet des présentes, promettons payer
solidairement l'un pour l'autre, un seul pour les deux,
à M. E...., le 1er juin prochain, la somme de *quatre
cent soixante dix-huit francs*, qu'il nous a prêtée ce-
jourd'hui. A...., le 4 mars 1821.

QUITTANCE D'OUVRIER.

Je soussigné C...., journalier, reconnais avoir reçu
de M. B.... la somme de *dix-huit francs* pour travail
chez lui fait pendant l'espace de six jours, à raison de
trois francs par jour. A...., le 8 février 1821.

C....

QUITTANCE D'UNE RENTE.

Je soussigné C...., reconnais avoir reçu de M. D....
la somme de *trois cents francs* pour une année d'arré-
rages de la rente qu'il me fait, échue le 1er avril dernier. A...., le 4 juin 1821.

Q....

QUITTANCE DE LOYER DE MAISON.

Je soussigné H..., reconnais avoir reçu de M. M....
la somme de *huit cents francs* pour le loyer d'une
maison qu'il tient de moi, ledit loyer échu le 1er juillet
dernier. A...., le 1er août 1821.

H....

QUITTANCE DE FERMAGE.

Je soussigné P...., reconnais avoir reçu de M. A...,
cultivateur à....., la somme de *deux cent cinquante
francs* pour le prix de l'année de fermage des terres
qu'il tient de moi, échue à la Saint-Michel dernière.
A....., le 5 décembre 1821.

P....

QUITTANCE D'A—COMPTE.

Je soussigné H...., reconnais avoir reçu de M. B....
la somme de *soixante-quinze francs*, pour à-compte
sur un mémoire des marchandises que je lui ai fournies
dans le cours de l'année 1820. A...., le 7 février 1821.

H....

RECONNAISSANCE D'UN DÉPÔT.

Je soussigné B...., déclare et reconnais avoir reçu
aujourd'hui en dépôt de M. V...., la somme de *cinq
cents francs*, que je promets lui remettre à sa première
réquisition, et en me rendant la présente reconnais-
sance. A...., le 25 mars 1821.   B....

PROCURATION POUR DONNER A FERME.

Je soussigné M....., propriétaire demeurant à......
constitue pour mon procureur M. B....., cultivateur
à....., département de....., auquel je donne, par ces
présentes, le pouvoir d'affermer et donner à loyer les
héritages qui m'appartiennent, sis en la commune
dudit...., consistant en quarante-neuf hectares de
terres labourables, au sieur N.... ou à toute autre
personne qu'il avisera bien, pour tels temps, prix,
charges et conditions qu'il jugera à propos, de passer
tous baux et tous actes nécessaires, recevoir tous fer-
mages, donner quittances, poursuivre les débiteurs
qui refuseraient de payer, les faire saisir, arrêter,
donner main-levée, s'il est besoin, et faire généralement tout ce qu'il trouvera bon et convenable.
A...., ce 28 juin 1821.   M....

BAIL D'UNE FERME.

Nous soussignés S.... et R...., sommes convenus
de ce qui suit :

Moi S...., reconnais avoir donné, et donne par le
présent, à R...., à ce présent et acceptant, pour neuf
années consécutives, qui commenceront au 30 septembre 1821, et finiront à pareil jour de l'année 1830,
les héritages ci-après désignés, situés à....., et consistant en quarante-huit hectares de terres labourables,

avec maison de fermier, écuries, pressoir, bergerie, etc.

(Il faut ici désigner chaque pièce en particulier, avec le triège auquel elle appartient, les divers particuliers qui la bornent, etc.)

A la charge par le preneur de bien ensemencer et conserver les terres sans les dessaisonner, ni souffrir aucune entreprise de la part des voisins ou propriétaires aboutissans. — De faire toutes les réparations locatives aux bâtimens de la ferme, et de ne pouvoir rétrocéder sans la permission du bailleur ; en un mot, de maintenir en bon état tous les héritages désignés au présent.

Le présent bail fait en outre moyennant la somme annuelle de deux mille francs, payables en quatre termes égaux, de chacun cinq cents francs ; les premiers janvier, avril, juillet et octobre de chaque année, au paiement de laquelle somme de deux mille francs le preneur s'oblige et oblige ses biens présens et à venir.

Fait double à...., le 26 juin 1821, et ont signé les parties après lecture faite.   S.... R....

MÉMOIRE DE DIVERS ARTICLES D'ÉPICERIE FOURNIS

A M. B.... PAR D...., ÉPICIER A....

Le 15 mai 1821.

Un pain de sucre pesant 3 kilogrammes, à 8 fr.	24 fr.	» c.
Deux kilogrammes de café Martinique en grain, à 3 fr.	6	»
Un kilogramme de poivre blanc, à 4 fr. 50 c.	4	50

Le 3 juin.

Quinze kil. de chandelle, à 1 fr. 25 c. .	18	75
Deux décigrammes de cannelle, à 1 f 50 c	3	»
Une brique de savon, du poids de 5 kilogrammes 5 décigrammes, à 1 f. 5 c. . .	5	77

TOTAL. . . . . 62 fr. 02 c.

Reçu comptant le montant du présent mémoire pour solde, à....., le 15 juin 1821.   B......

MÉMOIRE DE DIVERS ARTICLES DE SERRURERIE FAITS
ET FOURNIS A M. L.... PAR L...., SERRURIER,
RUE...., A PARIS.

Le 5 avril 1821.

Une serrure de sûreté pour la porte d'entrée
de son appartement. . . . . 21 fr.
Quatre tringles de croisée pour le salon, à 3 f.
25 c. . . · 13
Pour avoir fourni et posé deux sonnettes,
l'une dans la chambre à coucher, l'autre
dans la salle à manger. 12

TOTAL . . . . . 46 fr.

Reçu comptant le montant du mémoire ci-dessus,
le 15 mai 1821.

L....

F. F. N° 3.

Marseille.

LETTRE DE VOITURE.

A Paris, le 16 mai 1821.

A la garde de Dieu et conduite de L...., voiturier à.....

Je vous envoie une *balle en toile et cordée, contenant des draps et rien autre chose*, marquée comme en marge, *pesant cent kilogrammes*; l'ayant reçue bien conditionnée en *dix-huit jours*, à peine de perdre le tiers du prix de sa voiture, que vous lui paierez à raison de *quinze francs* les 5o kilogrammes pesant, et lui rembourserez un franc vingt-cinq centimes pour papier et timbre de la présente.

Nota. Le voiturier n'est pas responsable de la rupture des glaces ni des choses fragiles, tant que les caisses, malles ou paniers ne sont point endommagés.

Votre dévoué serviteur,

Q......

A Monsieur
L......, *Négociant,*
près le port,
à Marseille.

BILLETS A ORDRE.

Au trente octobre prochain, je paierai à M. L. . . ., ou ordre, la somme de *six cents francs*, valeur reçue en marchandises. A Paris, le 1er juin 1821.

G. . . . .

B. P. 600 *fr.*

A deux usances je paierai à M. Q. . ., où ordre, la somme de *quatre cent cinquante francs*, valeur reçue comptant. Lyon, le 15 septembre 1821.

L. . . .

B. P. 450 *fr.*

MANDAT.

Marseille, le 20 *juin* 1821.

A cinq jours de vue, nous vous prions de payer contre le présent mandat, à M. T. . . ., la somme de *cinq cents francs*, de laquelle nous vous tiendrons compte à la première occasion. Vous obligerez

Vos dévoués serviteurs,

A Messieurs

L. . . . et B. . . .

G. . . . *frères, banquiers, rue Vivienne, à Paris.*

B. P. 500 *fr.*

N. B. Jadis, à Paris, les billets, valeur en marchandises, qui n'étaient pas stipulés à jour fixe, portaient trente jours de grâce ; ceux qui étaient valeur reçue comptant, sans désignation de jour fixe, portaient dix jours de grâce, et tous ceux stipulés à jour fixe étaient payés le jour de leur échéance. Les lettres de change qui portaient le mot *fixe* étaient payées aussi le jour de leur échéance, et toutes celles qui ne le portaient point avaient dix jours de grâce. Toutes les provinces de France avaient aussi leurs *usages* particuliers ; aujourd'hui Paris et toutes les villes de France sont soumises au nouveau Code de commerce. Il n'est plus nécessaire d'employer le mot *fixe* dans les billets et lettres de change, parce qu'ils sont tous exigibles le jour de leur échéance. Il faut, dans le cas de refus de paiement, que le protêt soit fait dans les vingt-quatre heures de l'échéance, sans quoi l'on n'aurait pas de recours contre les endosseurs. Il suffit que le protêt soit dénoncé aux endosseurs qui habitent la même ville que le porteur, dans les quinze jours qui suivent l'échéance, et l'on a un jour en sus par cinq lieues de distance.

Le mot *usance* signifie trente jours : ainsi, deux usances font soixante jours.

PREMIÈRE LETTRE DE CHANGE.

PREMIÈRE.

A Rouen, le 12 janvier 1821.   *B. P.* 1200 *fr.*

Au quinze février prochain, il vous plaira payer, par cette première de change, à M. L...., ou ordre, la somme de *douze cents francs*, valeur reçue comptant, que vous passerez en compte, suivant l'avis de

A Monsieur
L....., négociant,
à Dijon.

Votre dévoué serviteur.
B.....

SECONDE.

SECONDE.

A Rouen, le 12 janvier 1821.   *B. P.* 1200 *fr.*

Au quinze février prochain, il vous plaira payer, par cette seconde de change (la première ne l'étant), à M. L...., ou ordre, la somme de *douze cents francs*, valeur reçue comptant, que vous passerez en compte, suivant l'avis de

A Monsieur
L....., négociant,
à Dijon.

Votre dévoué serviteur,
B.....

N. B. Pour plus de sûreté, il est toujours bon de faire accepter les lettres de change par les personnes sur qui elles sont tirées.

LETTRE D'AVIS DE L'EXPÉDITION DE MARCHANDISES.

M.   Elbeuf, le 18 mai 1821.

J'ai l'honneur de vous prévenir que je vous ai ex-
pédié hier par voie de roulier, pour vous être rendue
en huit jours, une balle en toile et cordée, marquée
L. G., n° 4, Orléans, dans laquelle sont contenues
les marchandises désignées dans la facture ci-jointe.

Aussitôt que vous l'aurez reçue, vous voudrez bien
m'en faire passer le réglement en vos deux billets à
trois et quatre mois de terme, comme nous en sommes
convenus.

J'ai l'honneur de vous saluer.   M....

FACTURE.

Doit M. L...., marchand de draps à Orléans, à
M...., fabricant à Elbeuf, les marchandises suivantes
expédiées comme il est dit ci-dessus.

Une demi-pièce de drap superfin, bleu de
   roi, portant 13 mètres, à 50 fr . . . . .   650 fr.
Une *id*. de 12 mètres, vert-dragon, à 48 fr.   576
Une *id*. de 13 mètres, gris de fer, à 42 fr. .   546
Une *id*. de 10 mètres, aile de mouche, à 40 f.   400

             TOTAL. . . . . . 2172 fr.

LETTRE POUR ACCUSER LA RÉCEPTION DE MARCHAN-DISES.

M.   Orléans, le 12 juin 1821.

La présente est pour vous accuser la réception de la
balle que vous m'avez expédiée, contenant quatre
demi-pièces de draps, montant ensemble à la somme
de 2172 fr., comme il est désigné dans votre facture
jointe à votre lettre, en date du 18 du mois dernier.

Vous trouverez ci-joint mes deux billets à trois et à
quatre mois de terme pour solde, ainsi qu'il en a été
convenu.

J'ai l'honneur de vous saluer.   L....

23

TABLE DES MATIÈRES.

FIN DE LA TABLE.

DE L'IMPRIMERIE DE SAINTON, FILS, A TROYES.